rules

理想生活的
收納＆整理守則

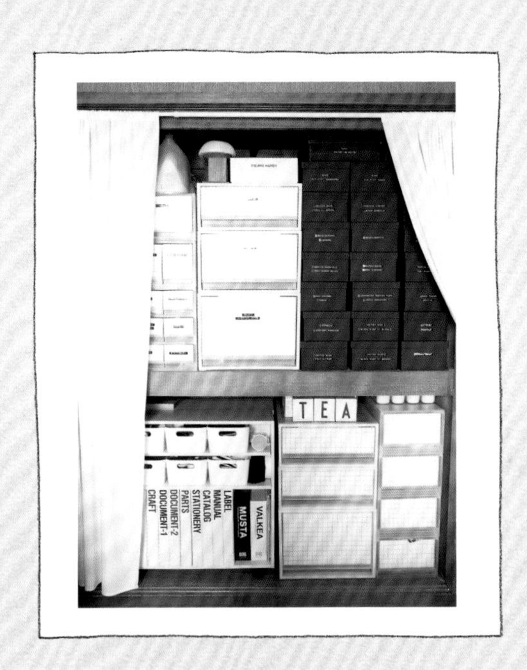
TEA
LABEL
MANUAL
CATALOG
STATIONERY
PARTS
DOCUMENT-2
DOCUMENT-1
CRAFT
VALKEA
MUSTA

rules

地表最強整理術

理想生活的收納&整理守則

教你如何不費力&長時間保持不凌亂！

前言

打造時髦的室內裝潢或營造具有品味的空間，
這種憧憬之情人人皆有，
就讓我們將理想的事物化為現實吧！

不管是居住在何種空間中，收納＆清理的問題總是難以避免，
即使是住在時髦室內裝潢空間的人，
也必須落實每天收納、清理的守則。

要如何進行收納呢？
要運用何種清理方法？

本書分別拜訪了十七處住宅，
從他們所布置的實例，
汲取使室內空間更加整潔的方法，
並歸納出書中所列舉的收納&清理守則。

這些守則各有特色，總共有十七種獨特的收納法。
要選擇何種方式並沒有一定的標準答案，
根據家庭的組成、空間的大小、性格或喜好，而有所差異。
這些守則有一個共通的特色——可輕易地保持長時間的整潔。

希望您也能從中找出適合自己的守則，
並以此為靈感，創造出獨特的收納法，
也希望本書能夠發揮作用，協助您在收納&清理上更加輕鬆愜意。

達人們的 收納＆清理 語錄

在這本書登場的人物，各自擁有獨特的收納＆清理守則。
希望每天都在思考如何收納或透過這次的採訪試著改變想法的您，能在本書中挖掘出新的想法。
首先，為大家送上每個人的收納＆清理語錄。

「買東西時，會考慮是否適合家裡的氣氛、
能否搭配居家的風格。
盡量不購買風格太過突兀的物件，
以免與裝潢相衝突。」——中川たま（料理家）

「白色，是非常百搭的顏色。」
——EMMA LANGE（服務於「IKEA」）

「我選擇保留下來的東西，就是具有價值的物品，像是兒子的照片或
作品。除此之外的物件，不需要放在心上。」
——清水梨保子（建築師＆生活組織者）

「我的理想狀態就是不需要收納。
隨性地擺放，
不必逐一清理。」——水上淳史

「在腦海裡明確地描繪出理想的生活樣貌後，再開始『清理』。
以前在室內設計學校所製作、匯集了自己心目中理想的文件資料，
剛好能派上用場。」——川原 惠

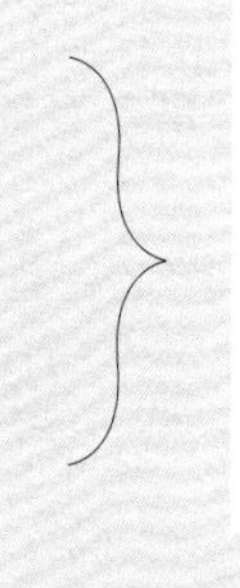

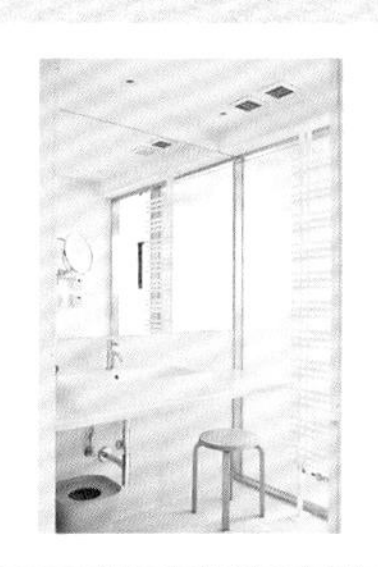

「舉例而言，統一款式的香料瓶，當使用完畢後，
將瓶子放回，並排放置，就能產生想要歡呼的好心情。
為了感受這種好心情，而樂於清理。」
——宇和川惠美子（設計師）

「觀察小朋友遊戲的方式，
進而決定收納的方法。」——tomo

「收納的問題在於，沒有興趣的東西要如何處理？
若可以簡單地拿取、歸位，就不會產生凌亂感。」
——etoile

「我的先生是『東西隨意亂放』的人，
因此，在他常常放東西之處擺上收納容器，
就能夠確實地收納。」——tweet

「重視俐落的外觀，
假使桌面和水槽能夠保持清爽，就會讓人產生好心情，
因此，只需要確實維持這兩處的整潔。」——Aula

達人們的
收納 & 清理
語錄

「即使是百圓商店的東西，
也能重新改造賦予不同的樣貌。
若將自己喜歡的東西隨處放置，會使環境變得凌亂不堪，
但透過清理收納後，就可以產生更多空間。」——萩原清美

「因為以前不擅長收納，都是將東西放置在有門的櫃子裡。
但若更換成外顯式的收納法，不僅收納變得很輕鬆，
也可以確實管理經常使用的東西。
對我來說，外顯式的收納法比較適合我。」——泊 知惠子

「曾經在部落格上看到一個白色 & 黑色搭配的美麗空間，
而被深深地吸引。
為了打造令人憧憬的空間，所以積極地收納 & 清理。」——高橋秋奈

「空間狹小的住宅，其實擁有很多優勢！」——さいとう きい

「找出凌亂的原因並解決問題，從中享受這個過程。」——內藤正樹

Contents

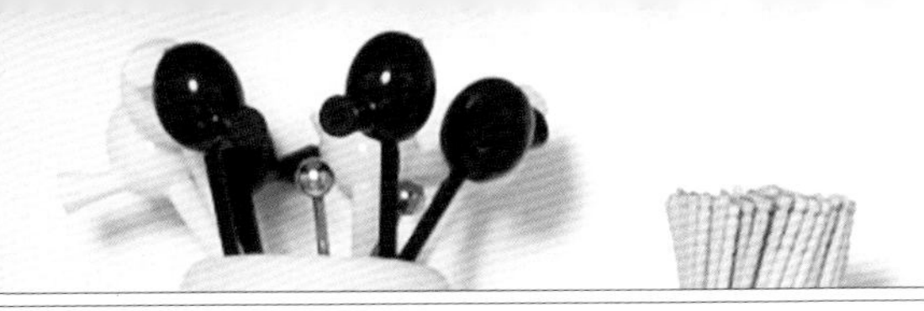

〔注意事項〕

＊本書刊登的住宅皆為個人住宅，因此呈現出來的物件皆為私人物品。
部分物件有註明持有的屋主購入的出處，但也有部分物件是絕版品無法購買，敬請見諒。
＊本書刊登的住宅，乃是考慮到生活的便利性、安全性等，加上個人的判斷，所實行的居家收納清理方法。
參考這些想法，並套用到自己的生活中時，需顧及是否合乎安全性、有效性，請審慎思考，再依據個人的判斷執行。
＊本書刊登的資料，皆為採訪當時的樣貌和狀況。

Part 1

希望有機會看見心中一直很嚮往的時髦室內裝潢住宅，並想要瞭解這個住宅的收納＆清理方法，進而抱持「維持這個空間整潔的祕訣是什麼？」這種好奇的心情前去拜訪。以下所收錄的都是時髦的室內裝潢住宅，請細細品味這些具有原創性的收納＆清理守則吧！

令人嚮往的室內裝潢
收納＆清理守則

客廳採取「簡潔大方」的概念，將顏色豐富的玩具收納在視線無法觸及的地方，成為一個大人也可以放鬆休息的空間。沙發和長凳皆來自「IKEA」。

抑制顏色的數量和強度，利用「白色」讓空間顯得清爽宜人

服務於「IKEA」 **EMMA LANGE**

EMMA LANGE的收納&清理*rules*

rule 1 **室內裝潢以白色為基調。白色是讓空間顯得寬敞&清爽的顏色。**

最容易展現空間清爽感的顏色就是白色。在牆壁、大型傢俱、桌面、床面等視線可及之處選用大量的白色，可使空間顯得更寬敞。

rule 2 **將東西收納在箱子、籃子、瓶子等容器中，就不會產生凌亂感，且具有一致性。**

不崇尚極簡主義，自覺擁有很多收藏品的EMMA小姐，將同類型的小東西，收納在箱子、籃子、瓶子等容器中，營造出一致性。

rule 3 **沒有掌握任何守則，也是一種守則。維持愉快的居住心情最重要。**

對於EMMA小姐而言，收納&清理並不需要仔細斟酌。以自己的感覺和心情為重點，遵循這個守則，即可創造舒適愉快的生活。

Living

這個角落是收納小朋友所使用的毯子或玩具之處，盡量減少玩具造成的凌亂感。「將孩子不玩了的玩具暫時藏起來，之後還可以當成新玩具玩。考慮到如果一次給孩子過度大量的玩具，也會對孩子造成壓力。」

滿一歲的女兒最喜歡顏色鮮豔的玩具，這些玩具適合收納在手提箱型的紙盒裡，減少繽紛的色彩以維護空間的調性。

發現麵包超人了！假如將玩具放入自然風格的籃子及束口袋中，就不會破壞讓大人能放鬆休息的空間氣氛。

在邊桌上，堆放正在讀的雜誌和筆記型電腦。不是將全部的東西都堆在這裡，而是把這個角落當成暫時放置處，心情上也會較為輕鬆。

將小朋友的祝賀禮和紀念品放入盒子，收納於櫥櫃裡。並在盒子外側貼上自己喜歡的布，改造過後兼具實用及美觀性。

運用裝飾五月人偶的玻璃展示櫃，當成裝飾櫃。雖然是令人意想不到的裝飾方法，卻意外地適合！櫃子是在二手傢俱店購得。

從客廳往下走幾階的角落。將在日本的二手傢俱店內買到的長板凳和玻璃櫃組合，當成櫥櫃使用。

Living

EMMA小姐是瑞典人，以人氣家飾品牌IKEA整合設計師的指導身份來到日本，不只是身為室內設計的專家，品味也很出眾。她將日本的公寓布置成時髦的住宅，從中可以發現很多收納＆清理的巧思。

EMMA小姐對於日本的住家空間停留在既有的狹小印象，事實上在瑞典時，她也是住在很狹小的房子。在那個時候，她發現了「白色」的力量，即使是東京的生活環境也適用。「白色，是北歐風格的基本顏色。具有讓空間寬敞、展現清爽感的效果。」EMMA小姐這麼說。將屬於大件傢俱的餐具櫃漆成白色，大面積的沙發、地毯，甚至是桌巾等也都選用白色。直接運用牆壁的白色，讓空間顯得更清爽，完成整體居家布置的基調。

「在一個嶄新的居家空間，假如只選用白色進行布置，會產生冰冷的感受。若運用古老的物件進行混搭，即能取得平衡。」仔細觀察EMMA小姐的住家，隨處可見從日本二手傢俱店內購入的物件。隨性的收納及活用陳列方式，即為西式的布置觀點。對於不是極簡主義者的EMMA小姐而言，將生活用品巧妙地融入空間中的手法，實為必要。

Dining

因為餐具櫃的容量相當大，可利用其中多餘的空間收納餐具以外的用品，例如：與朋友聚會時會用到的蠟燭、燭檯等。

對於餐廳而言，體積偏大的餐具櫃，若將其漆成白色，即使體積龐大，也能降低壓迫感。餐具櫃上的收納，則選用日本的老舊箱子，營造文化的混搭感。

小型的茶具組通常會一起使用，因此收納在籃子裡，以便拿取。此外，將免洗筷收入玻璃罐內，呈現獨特的創意巧思。

Kitchen

如果選用造型時髦的砧板和調味料罐，即使擺放在一旁也能成為一處賞心悅目的風景。因為放在爐子旁邊，不僅容易取用，還兼具實用性。

將料理工具放在觸手可及之處，以便拿取。右邊的工具收納容器也十分引人注目，利用不再使用的水壺當成收納容器，顯得既美觀又大方。

為了在爐子前掛上鍋子，裝上S形掛鉤。「我認為對於空間有限的日本住家而言，能夠利用牆壁的空間會更理想。」

將其中一面牆壁釘上固定的開放式櫃子，不僅可以擺放書、雜誌，也能擺放有趣的小東西，收納的箱子或文件夾也選用白色，讓環境顯得更清爽。

Study

當成書房使用的個人空間，EMMA小姐將鐵絲彎曲成文字的形狀，裝飾在牆壁上。在這個空間內，書桌、椅子等大型傢俱也選用白色，並以黑色作為亮點。搭配出白黑組合的北歐風格。

將購自二手傢俱店內的多層木盒放在書桌上，用途很多元！取用簡單的黑色盒子，當作收納要點，使凌亂的空間變得清爽。

將製作手工藝時會使用的材料收納在開放式的櫃子。只需要隨性地放入瓶子裡，再將這些瓶子並排擺放，就能營造出整體感，並當成一種擺飾。

其他的房間也以白色作為基調。「特別喜歡將臥室布置成純白色。」EMMA小姐說。純白的空間可以使人情緒放鬆，牆壁上則以可愛的童裝作點綴，增添生動感。

DATA

和先生、一歲的女兒 三人生活
2LDK
屋齡約三十年
東京都

1 F

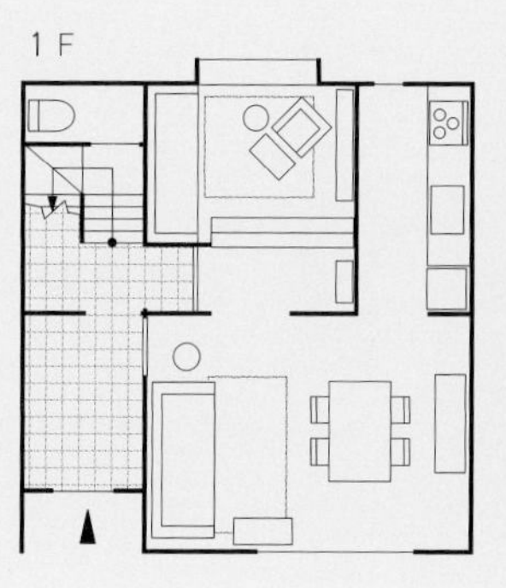

2 F

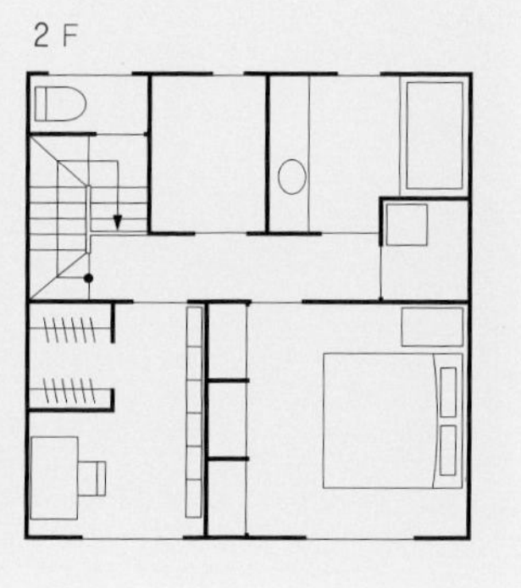

Bedroom

在凳子上疊放雜誌，是一種隨性的收納方式。堆疊出一定高度後，還可以當成邊桌使用，適合以植物裝飾。

Lavatory

在盥洗室的角落，設置成收納女兒尿布和替換衣物的地方。將所有必需品都統一放在這個角落，如此一來就可以一氣呵成地替女兒更換尿布或衣物。

運用古老的日本傢俱，打造懷舊風格的居家裝潢。選用擁有溫暖氛圍的物件布置空間，不僅不會讓居住者產生壓迫感，更可以隨時改變想要呈現的風格。

配合輕鬆舒適的氛圍，執行緩慢式收納法

料理家 **中川たま（TAMA）**

中川的收納&清理*rules*

rule 1

細瑣的收納方法會導致壓力。只需要決定「大致的位置」，就能緩慢地收納物品。

不需要過度深究細節，以「玻璃放這裡、布料放那裡」這種程度的標準，將東西收納在大概的地方即可。輕鬆地保持整齊美觀。

rule 2

選擇物件時，需要考慮到這個物件「適合家裡的氣氛嗎」？

即使在店裡看起來很漂亮，只要不適合自己的居家風格，就不要衝動購買。經歷幾次的購物經驗後，就能避免買到一些打亂居家氛圍的物件。

rule 3

不要斷然地執著某個物件的用途，慢慢地根據生活的步調變換其使用方式。

受到外觀的吸引而購入，擁有很多這類物件的中川小姐，不會斷然決定某個物件的收納用途，而是在必要的時候，變換使用。

Dining

書櫃用來收納附傳真功能的電話，由於電話的外觀和空間的氛圍格格不入，以布料遮蓋。此外，將上層當成裝飾櫃使用，不僅增加收納的空間，也更加實用。

餐廳櫃子上的玻璃櫃，只用來收納玻璃類的東西。除了美觀之外，還兼具實用性。使用時，拿取物件相當方便。

放置在櫃子下方的籃子，專門收納無線LAN使用的分享器和電線。由於蓋上布料就看不到收納的物品，可隨意擺放物件。

櫃子側邊的小小抽屜，專門收納小朋友的文件類、卡片的明細等。

Dining

從客廳往餐廳望去的室內風貌。因為選用長凳、凳子等傢俱，可以自由變換使用方式，讓物件的用途不會受到限制。

五葉木通的籃子，專門放置一些廢棄的紙張。固定收納的位置，就不會攏在桌面上造成凌亂感。

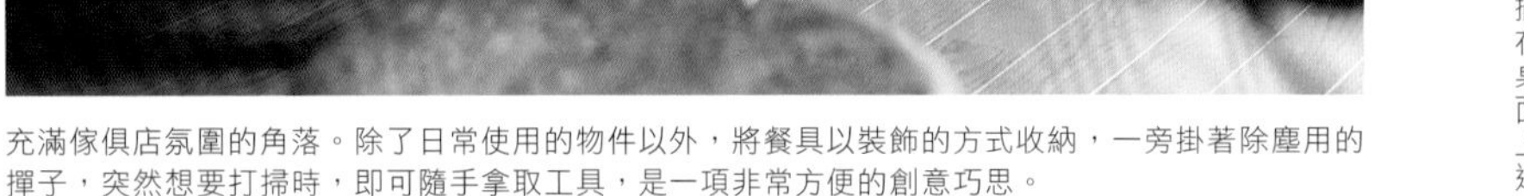

充滿傢俱店氛圍的角落。除了日常使用的物件以外，將餐具以裝飾的方式收納，一旁掛著除塵用的撣子，突然想要打掃時，即可隨手拿取工具，是一項非常方便的創意巧思。

中川家中四處可見情調十足的二手傢俱，空氣中瀰漫著一股古樸暖意。以料理家的身份打造出簡單又令人感到安心的氣氛，就像她的料理一樣。「為了賦予使用的東西手感，特別喜歡自然材質的物件。經過將近二十年的時間，這樣的喜好不曾改變，從一個人生活的時候就逐步添購，因此現在使用的大多是二手傢俱。」中川小姐說。因為喜好不曾改變，所以不會放置破壞空間風格的物件，也就不會產生散亂感。

「由於細瑣的收納方式會造成壓力，因此只需要決定大致的收納位置，再慢慢地清理即可。」這是屬於中川流的收納法。空間是家人一同享用，清理這件事，也與全家人有關。中川小姐認為與其決定一些繁瑣的守則，對於家人而言，不如放慢步調，慢慢地清理空間，如此不僅容易接受，也不會覺得勉強，自然能持之以恆。

收納所使用的傢俱、箱子或籃子幾乎都使用復古的物件。這些復古的物件與全新的收納用品相比，難免會發出一些老舊器物的聲響，或一些瑕疵。但正因為如此，適合緩慢地收納。不會有一般收納用品常見的、無機質的冷調感，具有溫暖的韻味也是其魅力所在。說到收納，往往會一面倒地考慮實用性，如果能夠放鬆心情整理，反而能減輕收納問題，這就是中川家的收納方式。

和室以沙發和矮桌的搭配，創造出低高度生活。利用箱子當成電視櫃等，活用和室空間的優勢，使用非既定印象的傢俱。電視的外觀會破壞好不容易營造的氣氛，因此以布遮蔽美化。

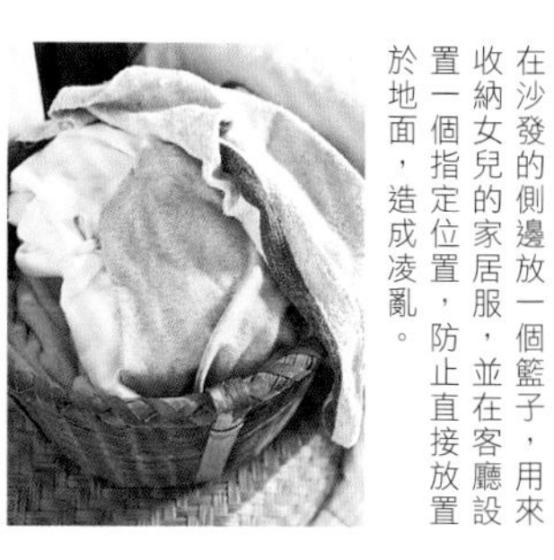

在沙發的側邊放一個籃子，用來收納女兒的家居服，並在客廳設置一個指定位置，防止直接放置於地面，造成凌亂。

Living

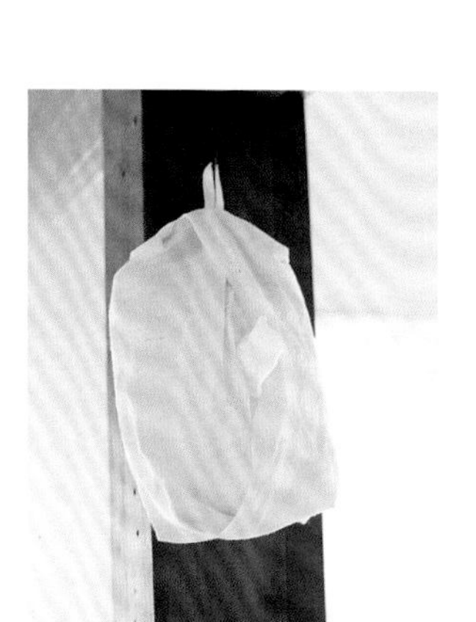

在客廳或餐廳之間的柱子上掛面紙套，取用方便又美觀。

電視旁的籃子可用來收納坐墊、信紙、筆記本或書籍等紙類用品或布製品。隨手將布料或紙類放入籃中即可。

因為廚房的空間狹小，無法放置櫃子，所以將廚房側邊的空間延伸當成收納處。以開放式的收納作為基本守則。「即使沾上灰塵，只要清洗一番即可，採取這樣的概念，餐具大多以外顯的方式收納。」

餐具櫃的抽屜，以收納餐巾布或杯墊等為主。由於沒有排列得很擁擠，所以拿取時很輕鬆。

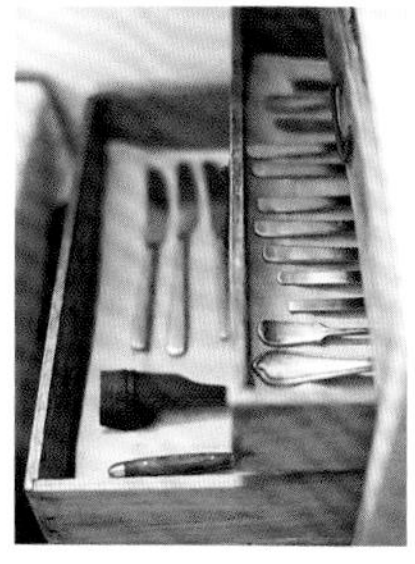

決定設計和尺寸後，由男主人精心製作的櫃子。烤麵包機也放在這裡。小抽屜專門收納餐具，雙層的便當盒則用來收納杯子，也可以收納其他細瑣的東西。

Kitchen

將女兒不再使用的書櫃，拿來收納餐具。不要斷然決定傢俱的用途，可根據生活方式變換用法。由於小碟子疊放在一起很危險，拿取也不方便，可以先統一收納在籃子裡，再擺入櫃子中，解決安全上的問題。

吧台的背面、水槽上方的空間也不要浪費，掛上一些經常使用的用具。

在廚房裡的牆壁裝上問號鉤，用來收納篩網。如果選用饒富韻味的廚房工具，就能成為收納的亮點。

在工作桌的下面，放置兩個附輪子的籃子。這裡是米、粉類、砂糖或豆子等重量比較重的儲藏品的收納位置。

DATA

先生、中學三年級的女兒　三人生活
4LDK
屋齡約四十年
神奈川縣

BLOG
tama2006.exblog.jp

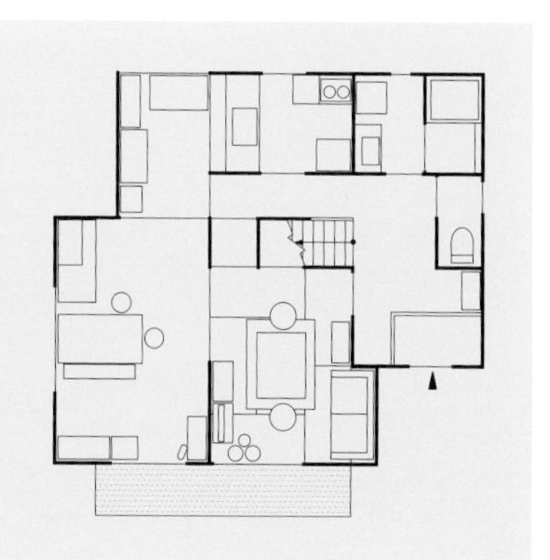

清水的收納 & 清理 *rules*

rule 1 **不會空著手走動，隨手將物件歸位。**

不特意決定清理的時機，這是清水小姐的觀點。在家中走動的時候，將散落的東西拿在手上，順手不斷地整理。

rule 2 **凌亂的對策採取「遮蔽的策略」，在視線可及之處，將東西藏起來。**

運用視覺處理訊息的清水小姐，認為凌亂的外觀會造成壓力。所以利用將包裝貼上紙、電線覆蓋上面板等簡單的方法，達到兼具保護及美觀效果。

rule 3 **配合家人的性格或能力等，設計不同的收納方法。**

家人各自負責管理的物件及收納法。以衣物類為例，大兒子採用分格的方式管理；先生以標籤方式管理；清水小姐則以顏色分類的方式管理。各有特色。

利用「隨手歸位」和「站著作家事」的方式，讓物件得以整齊收納

建築師＆生活組織者 **清水梨保子**

Living & Dining

因為小孩年紀還很小，將客廳的一角設置成小朋友的空間。平常日即使保持散亂的樣子也沒關係，等到週末再進行清理。IKEA的桌子搭配EAMES復刻版的椅子，兩者相得益彰。

牆壁上的壁龕裝飾，是兒子兩歲時的繪畫作品。將相框塗上油漆，運用白色和藍色的清爽感打造空間。

冰藍色的牆壁讓客廳的空間感很強烈。由於是全家人一起使用的地方，可在壁龕處隨意地以小朋友的玩具作裝飾。牆壁的正背面，面向臥室的一側則是壁櫥。

分隔櫃，依據其深度分成前、後兩層，後層擺放一些使用頻率比較低的CD（上層左邊）。前層則將使用頻率高的DVD放在收納夾裡，讓整體感覺更加清爽。分隔板使用珍珠板（發泡苯乙烯製的面板）製作，根據分隔櫃的內框尺寸裁切，只需要放進去即可。

寬型的抽屜，剛好可以收納四列的圍巾，所有的種類皆一覽無遺。對於收納空間有限的住家而言，東西和收納用品的契合度非常重要。

將小孩零散的作品放入抽屜，為了不要讓抽屜內顯得亂七八糟，先將這些作品收入附拉鍊的保存袋內。請預先準備好不同尺寸的保存袋。

免洗筷或吸管等美勞材料，會隨著年齡或興趣而有所變化，暫時放置在紙箱裡。在紙箱外層貼上色紙，可以使外觀變得活潑生動。

將祖母留下來的和室櫥櫃上下層分開，分別當成客廳的收納櫃和電視櫃使用。運用水平垂直的概念堆放外文書，為空間帶來秩序感。最下層的抽屜則用來收納花瓶。

身為建築師，同時具有生活組織者資格的清水小姐，和家人同住在寬68㎡的公寓。喜歡的居家物件不少，卻能布置出清爽的空間。

「從小在經常外派的家庭中長大，對於清理收納有獨特的方法。假如視覺接觸到的訊息量太多，會令人感受到壓力，因此即使會增加拿取的動作次數，還是盡可能將東西收放在有門的櫃子裡為佳。」

雖然本身並不擅長混雜的顏色與線條的搭配，但卻利用減少視覺干擾的方式，使空間變得更整齊。例如，為了隱藏往上捲起的捲繞式螢幕的邊緣，而採用逆向的安裝方式。露出不會干擾視覺的物件，呈現簡潔的空間感。

清水小姐對於收納很有一套，清楚地掌握了家中每個人的收納能力，可根據每個人擅長的方式思考。為了不碰家務的先生，負責管理家務的清水小姐定下家庭的收納基準。沒有設下太多限制，以「日常生活不會產生障礙就OK」為標準，但有時候還是會出現東西四散的情況。

「在家中不能空著手走動。不管手裡拿著什麼物件，都要放回原位。此外，燙衣服或摺衣服等家事，為了要站著進行，請避免將東西長期固定放在一個地方。保持著不論何時都可以移動的狀態，東西就很容易放回原來的位置，漸漸地也能達到收納的效果。」

吧台桌面、門和收納用品統一使用白色的廚房。將門內和抽屜中的空間訂定為物件收納處，使用時再拿取。因為是開放式的廚房，將看得見的洗潔劑和瀝水籃放在牆壁邊，當成固定位置。

吧台也能兼做工作檯，燙衣服可以直接在這裡進行。下方收納櫃的開關在廚房的外側，用來收納熨斗十分方便。

運用捲簾當成家電的遮蔽罩。在冰箱形成的死角上，擺放筆或學校行程表。

Kitchen

在餐具櫃的左右兩邊裝上三根金屬製的櫃子支撐條，櫃子的深度則分成兩層，這是讓裡層的東西容易拿取的巧思。和水槽同高的中段位置，則當成使用攪拌機或果汁機的作業空間。

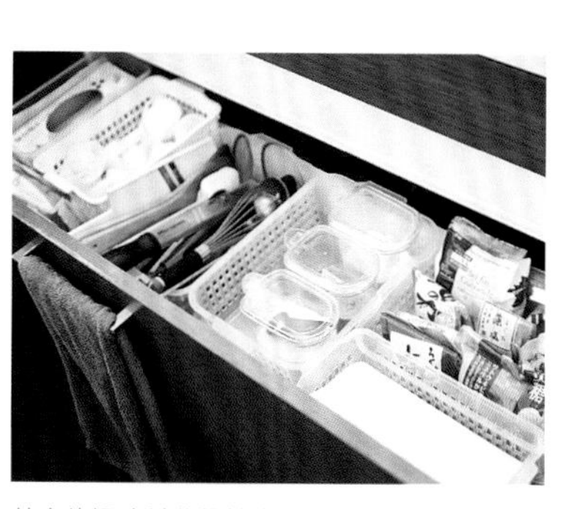

基本的調味料收納於水槽下的抽屜。請避免將東西直接陳列。廚房紙巾可利用抽屜的邊緣裁切，是很棒的靈感！

只需要將雜亂的包裝上半部貼上紙張，就不必重新裝在另一個容器。

Lavatory

Entrance

牆壁採用和客廳相同的冰藍色，十分清爽。在牆壁上安裝IKEA內崁式的淺壁櫥，用來收納洗臉用品、頭髮保養用品或基本化妝品。右下角的軟式收納盒，則用來收納男主人的家居服。

沒有傘架和拖鞋架等的玄關，顯得相當清爽大方。將雨傘和拖鞋收納在鞋櫃裡。古典的燈具是在東京的目黑moody's&JUNKS找到的物件。

並排擺放「無印良品」的籃子，用來收納洗潔劑和洗衣服用品。裝毛巾的籃子，為了平時拿取方便，而橫向擺放。當家裡有客人來訪時，再擺回直向，隱藏起來。因為右側即是浴室，白色的收納櫃裡放的是內衣褲。

清水小姐的腳很小，將她的鞋子直向擺放，層板就會出多餘的空間。若分成前、後橫向兩列擺放，才能有效利用空間。收納容量的變化並非固定不變，可隨意進行調配。附蓋的盒子裡收納的是拖鞋。

Sleeping & Work space

位於客廳牆壁背面的臥室兼工作室。白色的收納櫃放置的是男主人和小孩的衣物，收納櫃上的白色紙箱放置的則是拼圖或玩具等。簾子的另一側，則是下圖中的衣櫥。

即使是同類的衣物，不同盛具，收納方法也會有所變化。上圖：運用空盒子設置分隔，根據品項類別分別收納，這是兒子的收屜。右下圖：擅長用視覺掌握訊息的清水小姐，直接將襯衫和外套大致以顏色作區分。左下圖：不擅長收納的男主人的衣物收納盒，明確地以標籤標示T恤、短褲等。

衣服採用春夏、秋冬替換擺放制，當季衣物全部以吊桿懸掛。床墊配合衣櫥的深度摺疊，直立式地收納。

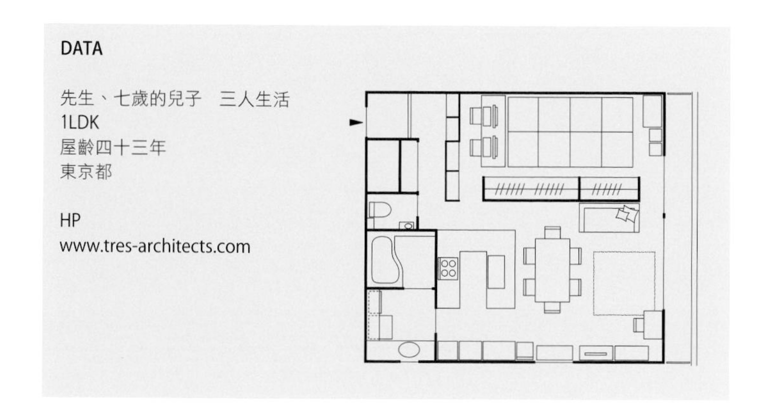

DATA

先生、七歲的兒子　三人生活
1LDK
屋齡四十三年
東京都

HP
www.tres-architects.com

Toilet

樑下的空間裝設了吊掛櫃。左下角放置的馬桶刷架，特地挑選得較高的款式用來遮蓋插座。

吊掛櫃以珍珠板分隔，使用上更加方便。擺上噴霧罐，以寬度和高度皆能夠分成兩個空間為其設計的概念。

水上的收納＆清理 *rules*

rule 1

擺出來，還是收起來？
根據使用頻率或外觀變換收納方法。

陳列經常使用＆美觀的物件，並將偶爾使用＆不想被看見的物件隱藏起來。準備兩套標準的收納方法，適用於各種物品。

rule 2

覺得不妥就要馬上改善。
每天都進行小小的修正，就能逐一改善。

決定收納的方式（基本方針），如果覺得不協調或感受到壓力，就要隨時修正。逐步改善，就是一種很彈性的收納方法。

rule 3

統一使用相同風格的收納用品，
就能融入空間的設計。

瓶子或文件盒，即使沒有收納物件，也必須多放置幾個。「因為只有一個會很顯眼，並排數個收納用品，可融入整個空間設計。」

不要隱藏。公開陳列才能方便取用

系統工程師 **水上淳史**

Dining & Kitchen

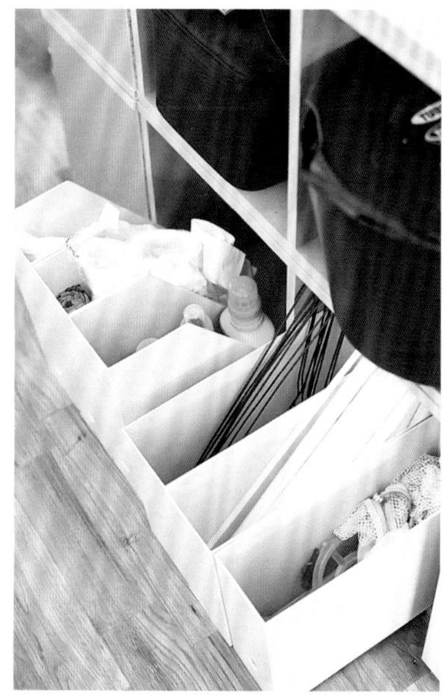

面向盥洗、洗衣空間的一側，並列擺放文件盒，根據品項分別收納洗衣用品和洗潔劑。裡側靠近廚房的一側則收納垃圾袋。

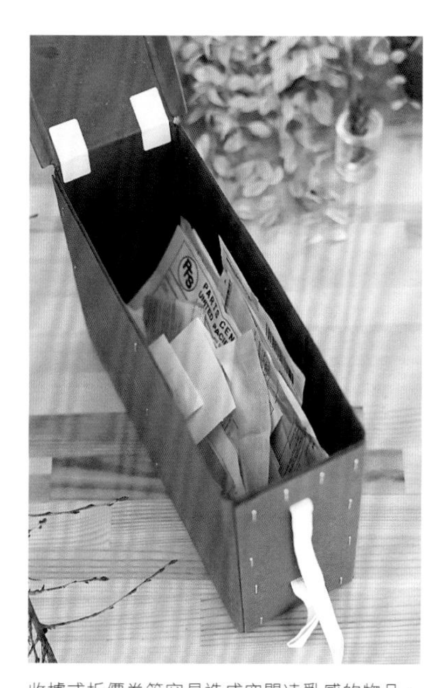

收據或折價卷等容易造成空間凌亂感的物品，放入附蓋的盒子裡，等空閒時再處理。

將十二個彩色櫃子組合成「口」字，並放上木板，兼具收納和工作檯的功能。分別面向廚房、客廳、盥洗洗衣空間，各別收納會使用到的物品。

延續玄關的出入口。放置小型手推車，成為擺放包包或錢包等物的活動型收納架。由於推車前方就是玄關，倘若在進入廚房之前，手上拿著很多東西，可以先放於此處。

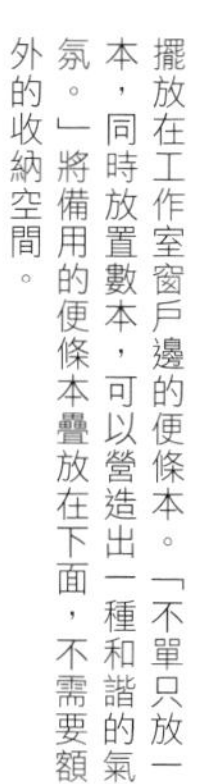

擺放在工作室窗戶邊的便條本。「不單只放一本，同時放置數本，可以營造出一種和諧的氣氛。」將備用的便條本疊放在下面，不需要額外的收納空間。

面向廚房側的收納櫃，上層放的是餐具和料理工具，下層收納的則是食品。放入符合櫃子寬度的收納盒，當成抽屜使用。

A4尺寸的文件收納盒，用來收納麵類、卡式爐瓦斯罐等長型物品。由於是單手就能抓住的寬度，所以收放也很容易。

水槽下面的空間，橫向地放入收納盒。並將放入乾貨的保存袋袋口朝前，直立式擺放。直接拉出保存袋即可使用，很方便。

經常使用的料理工具和餐具，可以公開陳列，以便使用。放在瀝水籃的餐具，也不需要一一歸位，從這裡取用即可。桌面上的鍋具是「Staub」，餐具大多是在THE CONRAN SHOP找到的物件。

如同拜訪朋友的家一般，水上家讓人感覺很舒適。從收在櫃子裡的東西，就可以看出居住的生活樣貌，也讓到訪的客人倍感親近。

這個家最大的特徵，就是櫃子採用開放式的收納法。「不必收納也不必清理」是水上先生的理想狀態。「即使費力地收納，也會馬上變得凌亂。面對這種情況，需要保持積極的態度，並以便利性作為最大的前提，而開放式的櫃子正好符合這種需求。」

另一方面，在視線無法觸及的櫃子深處，則是混合使用「擺得滿滿的」和「隨意地擺放」的守則。到底該如何拿捏其中的界線呢？可以將「打開門時，是不是會感到『不舒服』當成一個標準。」倘若冰箱內放滿各式各樣的物品，只要先以容器統一收納，盡量保持整齊，就沒有關係。即使抽屜內不只一個品項的物品，但只要不會感到不舒服，仍然可以繼續收納。不論如何，根據視線可及的訊息量而有所差異。

因為攝影需求而打開櫃子的門，「我沒有花心思收納啊！」水上先生不好意思地說。「無法達到100分的標準，我的收納大概是80分，總之，能將東西歸回原位就足夠了。將蓋子確實蓋好、盒子並排整齊等，剩下的20分就由此獲得。在日常生活中，如果沒有感受到壓力，這樣就OK了。」

床邊以泰迪熊作裝飾的橘色箱子，用來收納早期的筆記型電腦、不常使用的印表機或列印紙等。窗台則是飾品角落，擺放可以安裝在牆壁上的傢俱。

窗邊的角落擺放植物盆栽，讓客廳的氣氛很舒服。在蘋果箱收納位置的上方，擺放工具箱，裡面放置種在小瓶子裡的多肉植物，這個方法能夠省去逐一移開物品的步驟，讓打掃變得很輕鬆。

將蘋果的木箱重疊製作成收納物件。變化上下層的開口方向，讓兩個方向都具有收納的效果。裡面擺放的是照顧植物和鸚哥需要的東西。

Living

客廳的寵物&工作角落。左邊窗外是曬衣場，為了方便晾曬洗好的衣物，將洗衣用品擺在層架上。窗戶下的籃子則用來放置晾乾後收進來的衣物。

大賣場購得的工具盒，專門收納曬衣夾。「這款工具盒因為可以往上或往側邊擴充，深得我心。」

外觀整潔的麻布袋，收納力也很驚人。專門收納大型的寵物尿墊和飼料。

淳史
向兩
則是

整整齊齊地摺好。

TRUCK的櫃子裡收納結婚前夫婦各自帶來的東西。最上層的皮革醫生包，則用來放置打掃工具。

根據初見的心動感購入物件，並充分使用抽屜

設計師— **宇和川恵美子**

宇和川的收納&清理*rules*

rule 1 **活用抽屜，讓收納的東西一覽無遺。**

使用裡面可以一覽無遺的抽屜，就能掌握東西的種類和數量，收取和備用品的管理也能有效地掌握。因此不會產生囤積卻用不到的物件，可以更好地控制數量。

rule 2 **準備統一設計的收納盒，實行「使用完就歸位」的守則。**

「廚房的香料瓶等運用同樣款式瓶罐，就能收得整齊一致。」只要少了一個，就會造成空問的不協調，而變得勢必要歸位。

rule 3 **不拘泥於整理。抽屜裡面收納的東西即使隨性地擺放，找得到就OK！**

「由於不擅長有條不紊地清理，因此即使多少有點凌亂感也沒關係。」抱持著「這種程度差不多就OK了」的想法，保有自己的標準也很重要。

Dining

為了不擅長清理的男主人，特意在櫃子的一角設置專用角落。讓口袋中的東西或隨身物品在不知不覺中，從放在餐廳的餐桌上，改為收納於此處。

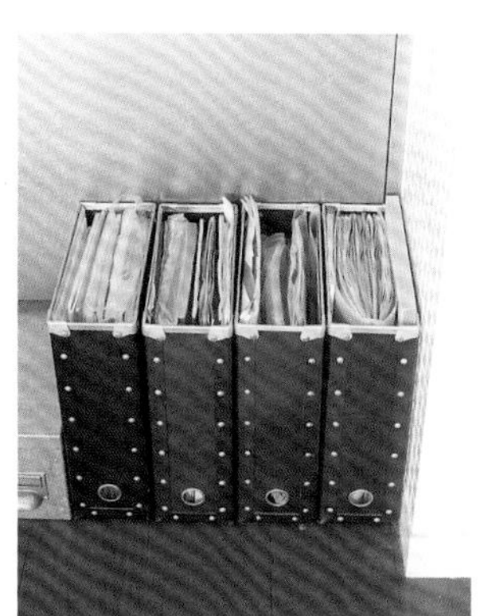

在廚房吧台下面並排擺放文件盒，用來收納家電的使用說明書。為了確認打掃或拆解的方法，擺放在伸手可及的位置。

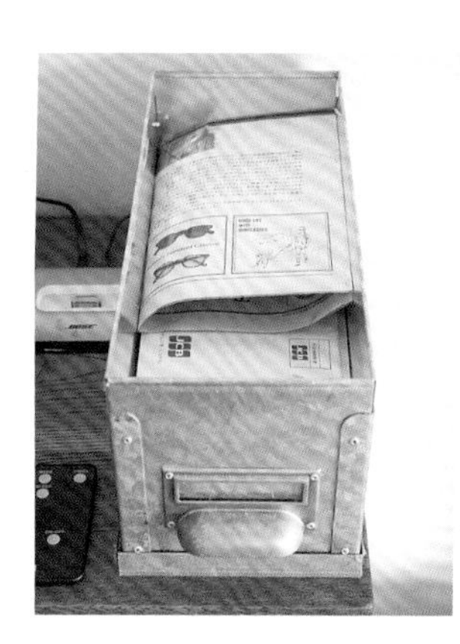

將可以完全收納信封的馬口鐵盒子，當成郵件的收納位置。「為避免桌面凌亂，收到郵件後統一放置在盒子中。」等到空閒時，再確認信件。

將藥品分成飲用藥、筋肉痛、蚊蟲藥等分類，放在的抽屜裡。「分類收納後，就算內部有點凌亂也OK。」

運用白色、黑色、銀色的物件互相搭配，以減少廚房色系的雜亂感。調味料放在開放式的層架上，以便每次烹調的拿取。「運用同樣的容器盛裝是重點。缺少一個，空間就會顯得不協調，因而留意到要歸位。」

將餐具疊放收納時，以「可以看得到最下面的物件」為守則。「不必將相同尺寸的餐具疊在一起，而是從下面開始，依據大→小尺寸的順序堆疊。」

右圖：水槽下方用來收納使用頻率高的餐具和廚房工具。將用途和種類相近的東西聚集在一起，會較容易找到，方向或順序則不必在意。左圖：爐子下方用來收納食材。對於具有深度的抽屜而言，將東西直立放入，從上方就可以清楚地看見每一樣東西的分類。

右圖：因為抹布架很顯眼，所以不使用，改以抽屜的把手取代，橡膠手套和抹布也可順便收納。左圖：不想要被看見的洗潔劑，直接放在水槽中的固定位置。放入鐵絲網架後，就能從視線中消失。

Kitchen

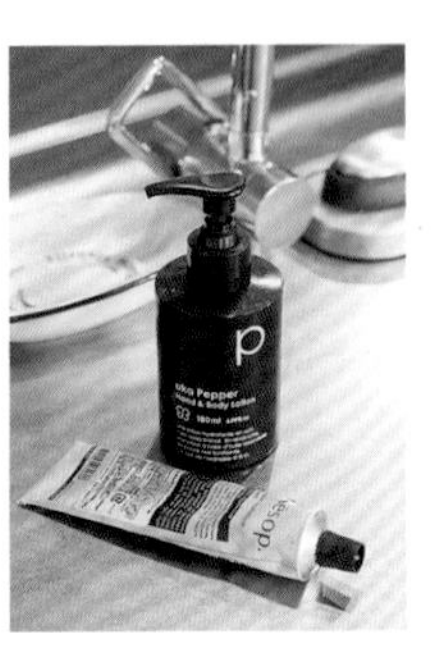

水槽旁邊經常備著護手霜。選用擁有可愛外表的款式，直接陳列即可。

電視櫃、樹櫃、單人座的椅子，皆是購自人氣傢俱店「TRUCK」。由於招待客人的機會很多，客廳盡量不放置除了書本以外的物件。

宇和川小姐是流行服飾品牌GRANDMA MAMA DAUGHTER的設計師。宅邸的東西很多卻很整齊，每一個角落都整理地井然有序。「因為可以掌握全部東西的感覺很好，我們家是『絕對抽屜主義』。只要拉開抽屜，就可以看見抽屜內部的全貌，一下子就能找到想要的東西。不管是餐具還是書本，不只放在櫃子上，也收納在抽屜裡。」

打開抽屜時，不僅要看清楚內部物件，連下層都要一覽無遺。將東西疊放的時候，必須從下面開始，依據大→小尺寸的順序守則。可以看見東西＝可以掌握數量和狀態，因此幾乎沒有超過期限或不需要的東西，只會留下使用中的物品。由於時常開啟，抽屜內的通風可說十分良好。

清理須以「使用完畢後即歸位」為基本守則，確實地執行。歸位之後，就不需要特別留意。這種方式，是維持整潔的祕訣。

「根據順序號碼排列、以顏色統整或統一放在同方向等，過度嚴謹的排列方式容易令人感到困擾。若根據種類或用途等，運用『區塊』的概念進行收納，排列時即使隨性地擺放也無妨。就算被認為不妥，但只要找到自己可以接受的方式就OK。因為整理是每天都要進行的事情，以感覺作為基準，訂定一個基本的收納守則即可。」

Living

客廳中一個專門用來收納書本的角落。將雜誌在地板上堆成階梯狀，如果全部都堆疊到一樣的高度，就可以重新審視哪些需要丟棄。一旁的樹櫃，由於是以收納書本為訴求所打造而成，因此不需擔心耐重度。

回到家後，馬上將結婚戒指等飾品拔下，進行盥洗。為了防止飾品弄丟，準備專用的收納容器，也能讓洗臉檯上保持清爽。

Lavatory

利用寬敞的洗臉檯，營造出盥洗室的舒適感。洗臉檯的抽屜用來收納洗臉用具、化妝品或護髮用品。雖然圖中沒有直接呈現，但左邊最裡側是收納洗潔劑的櫃子。

收納化妝品的抽屜，拉開後就能馬上化妝。取出工具後，請勿放在洗臉台上，使用完畢直接收回抽屜裡，如此也不會造成凌亂感。

將具有深度的櫃子，分成前後兩個區域。手搆不到的後方區域，用來儲藏備品，伸手可及的前方區域，則並排擺放使用中的東西，以便取用。

DATA

夫妻 兩人生活
2LDK＋衣帽間
屋齡十五年
京都府

HP
kato-aaa.jp

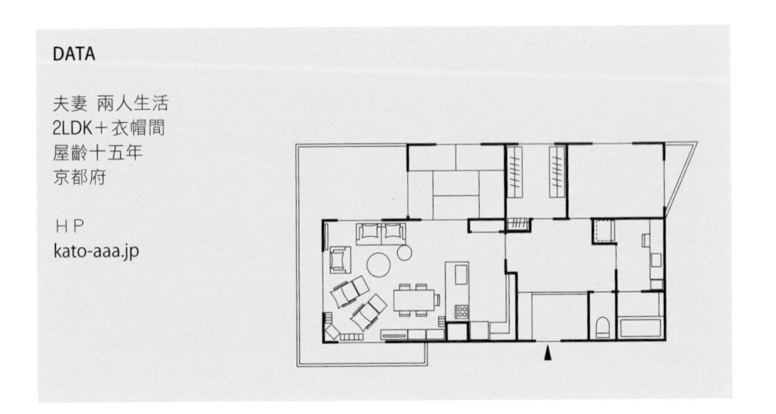

男主人的衣櫥，上層收納上衣、外套，下層收納褲子。上衣、外套以春夏及秋冬兩組季節進行分類，再粗略地以顏色區分。

將一個房間改造成衣帽間，擺放IKEA的收納櫃，左右分別屬於女主人和男主人。

上圖：將男主人的襯衫摺好重疊，放在抽屜裡面。「因為不擅長燙衣服，為了減少皺褶，而將衣服摺大件一點。」下圖：剩下縫隙空間也不浪費，將休閒衫和T恤直立收納，連帽外套則橫向地收納。

為了一覽無遺全部種類的皮帶，特地放入附分隔的抽屜。將皮帶捲繞成剛好可以放入的尺寸，歸位也很簡單。

夏季的涼鞋或正式鞋子等使用機會比較少的鞋子，裝進鞋盒後，很容易忘記鞋盒裡裝的是什麼，為了減少打開鞋盒的麻煩，運用便條紙註明在鞋盒外。

Closet

擺放飾品、帽子或其他流行配件的角落。櫥櫃的上方，擺放的是草帽等當季的配件。

無法馬上捨棄的衣服，放置三年後，再決定其去留

在春天和秋天兩個替換衣物的時節，將衣服全部陳列，並逐一判斷衣服的去留。若有無法判斷的衣服，則再收回盒子裡，等過了三年，若還是沒有機會穿，就可以捨棄。盒子是京都的IREMONYA的產品，女主人和男主人各自擁有一個。

為了將工作室和居住的生活空間區隔開來，而將工作室的地板漆成白色。並在工作桌兩側架上橫板，擺放籃子和小抽屜，以收納瑣碎的東西。

為了裝飾雜貨而陳列生活用品

原創傢俱製作・販賣 **萩原清美**

荻原的收納&清理*rules*

rule 1 **將東西依據材質和適合的地方進行配置，徹底執行「使用完畢即歸位」的守則。**

「為了落實『使用完畢即歸位』的守則，物品的配置極為重要。」觀察家人的生活動線，在使用位置的附近收納該種物品。

rule 2 **家人共用的東西，及除了自己以外其他家人不使用的東西，根據差異性，變更對待物品的方式。**

家人共用的東西，則以方便收取為優先守則。「除了我以外，其他家人不使用的東西多半過於重視外觀。收納時難免有些麻煩，但因為對物品有所留戀而樂於整理。」

rule 3 **由於不想要破壞室內裝潢的氛圍，因而不使用任何收納箱。**

避免使用「號稱收納用品」的物件，改選適合室內裝潢的物件。如果是市售品，以DIY加工等方式，讓空間產生統一感很重要。

Atelier

櫃子裡的東西，只需要寬鬆地擺放，就能保持整齊的模樣。細瑣的手工藝用品或零件，則放入籃子或木箱裡。這個角落詮釋了留白的重要性。

凌亂的蕾絲和毛皮，收納在附蓋的籃子裡，隱藏起來。籃子是百圓商店的產品，塗上油性溶劑，就能營造出獨特情調。

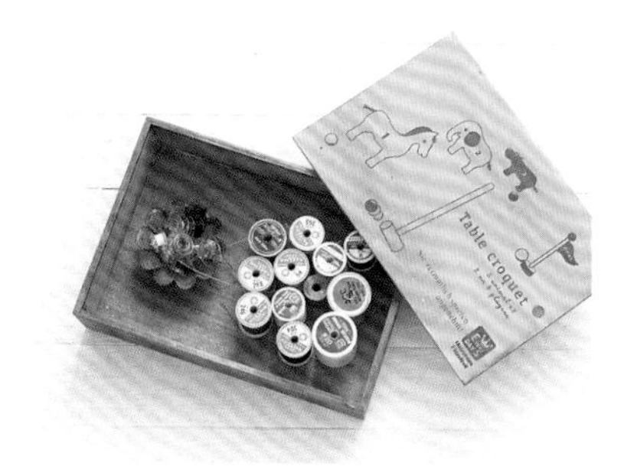

兒子小時候的木頭玩具盒子，也可作為收納使用。滑動式的蓋子相當方便，將畫上圖案的正面當成背面使用。

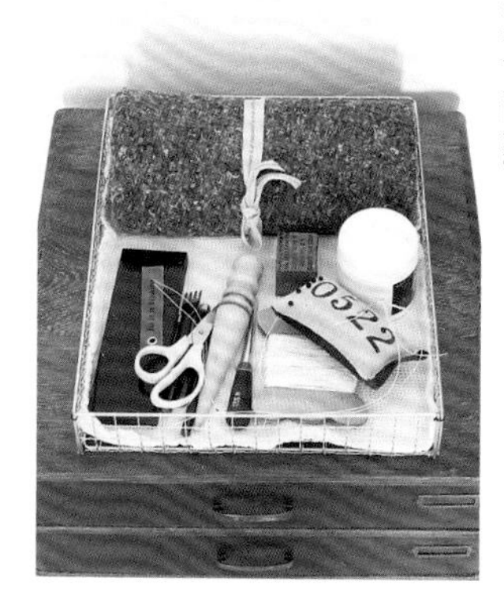

製作中的皮革手工藝，為了可以隨時取用，將工具和材料成組地擺放。作為收納用品的金屬網先以火燒烤，消除光澤後，再組裝成籃子，外表十分別緻。

在櫃子上擺放籃子、小抽屜和工具箱，以收納文具和紙類。外觀看起來雜亂的東西，不直接陳列，是收納的鐵則。紙本文件也放置在櫃子下層的籃子裡。

玻璃櫥櫃裡，裝飾著陶藝作家的器皿。將喜歡的東西公開陳列，不僅隨時可以看見，也成為一種生活的樂趣。將櫃子裝上自己製作的腳架，提升櫃子的高度，露出底下的地板，也是一種創意巧思。

Dining

利用不再使用的籐編包包，隱藏分享器。「因為深度剛好，可以完全將分享器遮住。」並將提把收進內側，保持俐落的外觀。

籃子用來收納報紙和面紙盒。餐桌能夠保持清爽的祕密就在這裡。

在壁櫥的上面，放置預備用的眼鏡。收納的容器選用木製托盤，在托盤外塗上油性溶劑，並放上英文報紙裝飾。

櫃子上的小抽屜，收納的是家人用的文具。另外一個抽屜，則是收納網路商店的收據等，及其他在餐桌上工作會使用的物品。

在網路商店販賣手工傢俱的荻原小姐。夫妻倆生活在自己翻新改造的住宅，上漆的水泥牆壁，映襯出木質傢俱的調性，營造畫廊般的風格。保持空間靜謐感的祕訣之一，即為減少物件的數量。

「舉例而言，雨傘以一人一把為限，將必要物品的數量控制在最低限度。食品的採買也依此類推，即溶咖啡只有一罐，沙拉油也只有一瓶。我生性很懶散。東西若數量太多，管理就會變得很麻煩。」

可能會發生「使用完畢不歸位」的情形，因此只將東西放在使用之處附近。如圖所示，雖然看起來好像沒有出現什麼生活用品，實際上，卻散落在空間的四處。不必使用所謂的收納用品，而是利用籃子、木箱或陶器等符合室內裝潢氣氛的時髦物件。像裝飾雜貨一般地搭配，減少生活的氣息，保持空間的清爽感。圖中看起來雖然是完成後的樣

壁面上和電腦桌用來收納客廳會使用到的東西。桌子裡收納的雜誌，將書背朝向裡面，就能降低顏色的雜亂感。面向沙發的另一側是電視，遙控器和TV用品則放在電視櫃中。

Living

貌，卻還是有一些配置的困擾。東西的增減、替換等各式各樣的嘗試仍在進行中。

「將東西全部收起來，雖然可以保持清爽感，但收納時就無法將東西放置於同一處。為了讓東西呈現出清爽且清理過的效果，即使稍微流露出生活感也無妨。」

由於桌子是手工製作，可以預先設計收納電腦的空間，減少桌面的凌亂感。

將縫紉工具放置於沙發附近，以便作縫紉修補的工作。用來收納的黑色鋁製便當盒，是以前露營使用的物件。

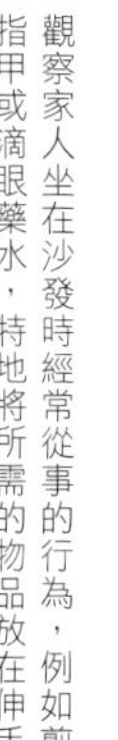
觀察家人坐在沙發時經常從事的行為，例如剪指甲或滴眼藥水，特地將所需的物品放在伸手可及之處。利用附蓋的迷你籃子收納，並排擺放的模樣相當可愛。

將素燒陶器塗上白色的油漆。專門放置一些沒有規劃收納位置的東西，像是圖釘或紙膠帶等。這一類細瑣的物件，往往是造成凌亂的主因。

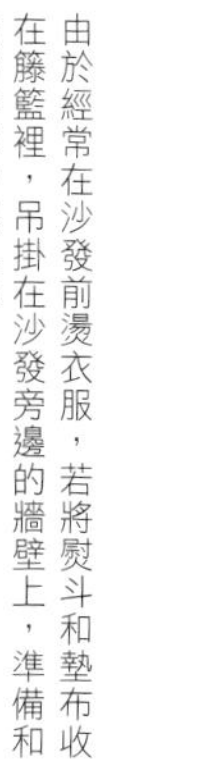

由於經常在沙發前燙衣服，若將熨斗和墊布收在籐籃裡，吊掛在沙發旁邊的牆壁上，準備和收拾時都會很迅速。

廚房是以白色和木材搭配而成的簡單空間。將銀色的冰箱，漆成白色，以符合空間的氣氛。廚房工具和打掃工具等日常使用的東西，則掛在牆壁上或抽油煙機上。

在水槽旁邊的牆壁上安裝格子櫃，用來收納醬油瓶和咖啡濾杯。每一格都放置物件，並運用花草和雜貨進行裝飾，打造韻味十足的角落。右圖的罐子也擺放在此處。

日常使用的餐具放在開放式的櫃子裡。不要擺放得過於密集，拿取時就不會有壓力。

Kitchen

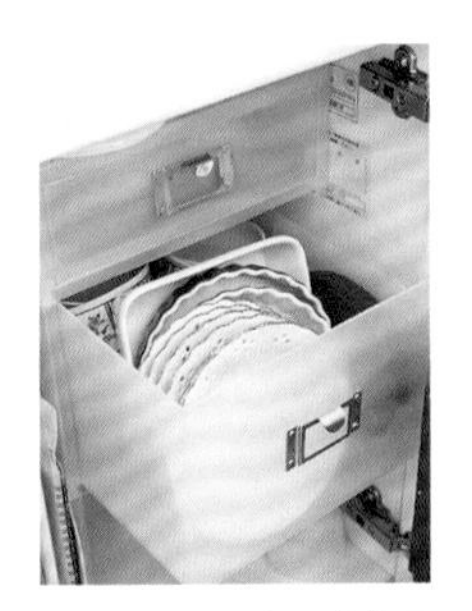

將獲贈的餐具和日常使用的餐具分開收納。比起拿取的方便性，優先考量數量。

營養補給品的收納，為了清楚盒子裡的內容物，將外包裝裁下，放入收納用具的底部。最後將補給品放在水槽旁邊，以便裝水飲用。

門裡的菜刀收納孔變成調理筷的固定位置，避免不小心亂放。

從餐廳望去一景。前面的黑板是工作的聯絡板，訂單、出貨、材料或工具的購買清單都寫在這裡。黑板乃手工製作而成，將板子塗上黑板溶劑即可。

DATA

先生、二十一歲的兒子　三人生活
3LDK
屋齡二十年
大阪府

WEB SHOP
naturalcafe.yukihotaru.com

將塑膠袋收在小抽屜裡。採買後回到家，養成馬上將塑膠袋摺疊放入的習慣。

使收納&清理變得愉快的

動機

對於居住在時髦室內裝潢的人而言，
時常因收納&清理的問題而感到困擾。
要如何保持整理時的好心情，聽聽達人們怎麼說。

**書籍能夠
提供很多靈感！**

即使在數位化的現在，書本仍然是提高收納動機的方式之一。上圖：《閱覽集結國外狹小空間住宅的書籍，對於生活在小小住宅的我而言，提供很多靈感，也獲得改造的勇氣。》（P.110～さいとう的家）下圖：《我很喜歡閱讀生活風格的書籍。與其直接模仿，能夠獲得更多創意的巧思，才是我閱讀的動機。》（P. 34～川原的家）

**根據喜好打造風格，
須慎重地處理。**

不管是什麼物件，都想要改造成自己喜歡的風格。「沒有作到愛不釋手的程度，就不能棄置不顧。」舉例來說，將剪刀以火燒烤、刷子塗上油性溶劑、錐子塗上壓克力顏料等，都要作到自己滿意為止。（P. 46～荻原的家）

**瀏覽RoomClip，
打起精神！**

將室內裝潢的照片上傳到可以互相交流、擁有SNS服務的RoomClip。受到app影響的人，持續增加中。上圖：「這些都是充滿『率性風格』的室內裝潢，但收納法已經改變。」（P.98～泊小姐）下圖：「喜歡稍微具有生活感的真實收納法」內藤這麼說，觀察收納的等級，建立出專屬的整理模式。（P.116～內藤的家）

**使用Ostrich的撣子，
讓討厭的打掃工作
增加樂趣！**

開放式收納所產生的灰塵，使用REDECKER的鴕鳥毛撣子，提升打掃的幹勁。「使用Ostrich的羽毛撣子好像在揮動指揮棒一樣，讓打掃的心情更加愉快。」（P. 28～水上的家）

**為了襯托出花草
和喜歡的器皿，
保持空間的清爽感。**

吧台上的花草，在餐具櫃上以喜歡的碗或飯盒作裝飾，形成只有自己會「出神注視的重點」。每一次映入眼簾，都會產生「不要放置多餘的東西，保持空間清爽」的心情。（P. 78～tweet的家）

Part 2

身為人氣部落客，並以收納專家的身分發表著作，書籍持續熱賣中的Emi和本多さおり。家人組成和住宅的建造全然不同的兩個人，其受歡迎的祕密，源自於他們各自從生活中產生的獨特觀點。正因為是專家，才會成為許多人注目的焦點。

來自收納專家的收納＆清理守則

經營人氣部落格的Emi小姐，平時除了介紹能讓日常生活過得既舒適又快樂的創意巧思，還會將家人生活的樣貌及每天思考的事情分享給粉絲。於二〇一三年出版第一本著作《OURHOME～和小孩一起生活在清爽的住家》，上市後成為暢銷書籍，很快地再版。另一方面，也以收納和清理的專家身份參與各種活動。由於是自己的家，和家人一起摸索出專屬的收納＆清理方法，不斷反覆地進行改良，打造出漂亮的居家生活空間。

Emi小姐的家是新式的3LDK公寓。和滿五歲的雙胞胎、先生四個人一起生活。將「讓家族全員感到舒適」當成生活第一目標的Emi小姐，為此採用不管是女性或男性都不會產生違和感、充滿現代簡約風格的室內裝潢。以白色、黑色、灰色、咖啡色等為基調，將物件盡可能地減少，另一方面，也不使用過度裝飾的物件，保持良好的平衡感為其魅力所在。

關於收納＆清理守則，合理不浪費、不過度費力是Emi流的精神。後續的頁面中會介紹十項守則，和室內裝潢一樣，以讓「每個家人」方便使用，可以舒服愉快地生活為概念，執行收納的作業。

清理收納顧問 OURHOME Emi的

收納＆清理 *rules 10*

「目標是讓家人都能輕鬆執行，『不會感到麻煩』的收納方式。」

Emi

曾於大手通販會社工作，目前則是獨立工作者。清理收納顧問一級。在雜誌發表連載，參與研討會，很受歡迎。著有《小孩的照片清理術》（WANI BOOKS出版）一書。
ourhome305.exblog.jp

右圖：不跟隨流行，創造自己的風格就是一種時髦。右上圖：鄰近客廳的一個空間當成小孩的生活角落。將小孩的東西聚集放在一個地方，就不會造成凌亂感。左上圖：將矮桌當成餐桌，選擇靠近地板的生活方式。左圖：以灰色和黑色為基調的室內裝潢，營造出中性的氛圍。

rule 1

收納的守則由家人決定

和家人一同商量收納的方式是Emi小姐的習慣。不管是男主人，還是兩個小孩，「這個玩具箱很多，怎麼收納比較好呢？」、「玩具箱很多，怎麼辦呢？」等問題，一定會詢問家人的意見。「若只根據自己的想法去決定收納方法，家人就無法獲得參與感。我想那只會成為滿足自我的收納方式。」Emi小姐說。倘若使用家人無法參與的收納方法，除了自己以外的人就無法有效地整理。最後就會變成只有自己在整理，也是造成壓力的原因。

傾聽孩子們的意見，進而決定收納法的Emi小姐，完全像是工作上的諮詢一樣！

舉例來說，最近Emi小姐的家重新規劃盥洗室的收納方式。不久之前，衣服沒有放進洗衣籃裡，常常丟在外面。試著和先生商討問題出現的原因，而得到『因為籃子的口徑太小，不好放進去』這樣的答案，於是將原本的籃子換成寬口徑的款式。如此一來，情況就能獲得改善。總之，比起不明究理地監督家人是否確實將衣服放進去，不妨傾聽家人的心聲，瞭解家人為什麼辦不到，進而想辦法改善。日積月累之下，就能完成讓每個家人都可以輕鬆達成的收納方法。

和男主人商量，將洗衣籃的口徑替換成大一點的款式，即可改善待洗衣物散落在籃外的情形。

為了家人而自己拚命構思的收納方法，反而不適合家人，大家若不能有效地整理，就會變得本末倒置。假如家人不能理解這個收納方法，那男主人和小孩也就不能瞭解這個方法背後的意義，最後便無法繼續執行。如果要提高家人整理的意願，首先傾聽他們的意見，再試著開始執行，說不定就會得到正解。

臥室的衣櫥不收納任何衣服，而是當作收納季節家電、高爾夫球袋等物品的儲藏空間。

rule 2

收納從決定空間的作用開始

「拜訪客戶的住宅時，時常會有空間作用曖昧不明的情形。在這種情況下，不同的空間可能會四處擺放著同樣性質的東西。」Emi小姐說。例如，將衣服收納在臥室的衣櫥，擺放不下的衣服則收納在空的房間裡。如此一來，衣服會呈現在臥室和空房間都有的狀態，而後，就會產生在找衣服的時候，不知道衣服放在哪一個房間的狀況。玩具也會有同樣的情形，除了在客廳四處設置玩具的角落之外，鄰近的和室也有收納的地方，兩者若沒有區別，就會搞不清楚到底要收納處，遊戲時或清理時，都會變成一種困擾。

為了避免這樣的情形，Emi小姐會明確地決定空間的作用。3LDK中三個房間分別為衣帽間、臥室、小孩的空間。「清楚地決定空間的作用，東西就不會四處擺放。類似『衣服放在那裡，玩具放在這裡』這樣的感覺，養成『一定在那裡』的狀態，找東西也會很容易。」和守則5的「建立標準」有所關聯，最大的標準在一開始就必須先決定好。如此一來，不管是搬家還是重新清理收納，都會有所幫助。所以，首先就要決定各個房間的作用，並以此作為一條捷徑。

衣帽間。先生、自己、孩子們的衣服全部放在這裡。因為沒有分散擺放，洗好後的清理收納也會很輕鬆。

rule 3

「一個種類一個箱子」是基本守則

雖然Emi小姐的清理收納顧問身分廣為人知，本人卻自認為不是勤勞型的收納人。考慮到以輕鬆清理、方便持續收納為目的，而延伸出「一個種類一個箱子」的概念。將想要收納的東西以種類區分，準備各自的箱子（抽屜或文件盒也OK），再將東西分類放入即可。

在大型的開放式層架擺放抽屜收納盒，落實一個種類一個箱子的收納方式。每一個箱子都貼上標籤，以利分辨收納的物品類別。

舉例來說，收納在客廳的工具、裁縫工具、信紙組等，先決定出自己和家人容易分辨的種類，再準備各自的箱子進行收納（在此採用「無印良品」的抽屜收納盒）。如果是廚房，則分成茶、零食、塑膠袋；如果是盥洗室，則分成睡衣、襪子、洗衣袋。先區分出容易分辨的種類，即使箱子裡有多餘的空間，也不會放入其他類型的東西造成混亂，這是重點。「因為不擅長將箱子裡整理得很整齊，所以在這方面並沒有特地要求。至於內衣褲等，不需摺疊，直接放入箱子就好。」Emi小姐說。總之，直接放入箱子裡就OK，清理也很簡單。取出的時候，也只需要在箱子裡找一下就好了，非常輕鬆。

將形狀不一的東西，收納在形狀統一的箱子裡，看起來會很清爽，也是優點之一。放在一起的箱子，建議使用同一個系列的款式。

裁縫工具的箱子。裡面沒有分類。只有將頻繁使用的橡皮筋，貼在抽屜的內側。

「我們家基本上使用的雖然是無洗米，有時候，也會吃從老家寄來的普通白米。換新米時，只有我清楚哪一邊的米是什麼米所以先生也沒有辦法幫忙，因此，為了讓他一眼就能分辨，先決定標籤的顏色，再寫上文字。」

rule 4

讓家人擁有「標籤化」的概念

如果不要讓家中只有自己在清理收拾，最重要的工夫就是標籤化。先生和孩子們總是說：「在哪裡？」、「什麼東西找不到」，為了應付這種情況，浪費不少時間和勞力。若想省下這些工夫，Emi小姐實行的方式，就是設置讓家人容易理解的標籤。小小的細字或英文字的標籤，外觀很漂亮。但除了自己以外，家人大多不瞭解標籤的意義，代表這個施行方法還不夠妥善。

「家人看不懂標籤的結果，就是自己得繼續應付這種情況。但在出現這種問題之前，我已經先將標籤的概念落實在生活中，因此家人對於標籤具有基本認知。」而後，去除英文標籤，僅留下簡單的日文，並寫成易讀、放大的文字。此外，和小孩有關的東西，為了更容易理解，採用畫上圖案或貼上照片的方式取代標籤。

如此一來便一目瞭然，不管是誰都能清楚知道收納的位置，先生和孩子們自然也能執行收納守則。「雙親來訪時，因為很清楚東西擺放在哪裡，所以能夠自行拿取。和朋友們一起玩完玩具後，也能和其他的小孩一起清理歸位，此外也讓客人們不會感到拘束。」

將玩具箱裡收納的東西拍成照片，貼在箱子上。即使是還不識字的孩子們也能瞭解箱子裡所裝的物品，進而願意幫忙清理，可省下不少清理的時間。

rule 5

對收納而言「標準」的上限很重要

嚴選收納物品、避免東西的數量過多，以方便取用的收納方式為準則，是Emi小姐的理念。東西一旦增加，收納的箱子或櫃子就會顯得不足，只要超出「標準」，就很難再保持使用的方便性。為了留存不會使用的東西，而讓必要的東西變得不方便使用，毫無意義。請自己決定東西留存的數量上限，並以此作為標準。

雜誌根據種類分別放在文件盒裡。假如超出容量，就挑選出想要保留的部分，其餘則丟棄。

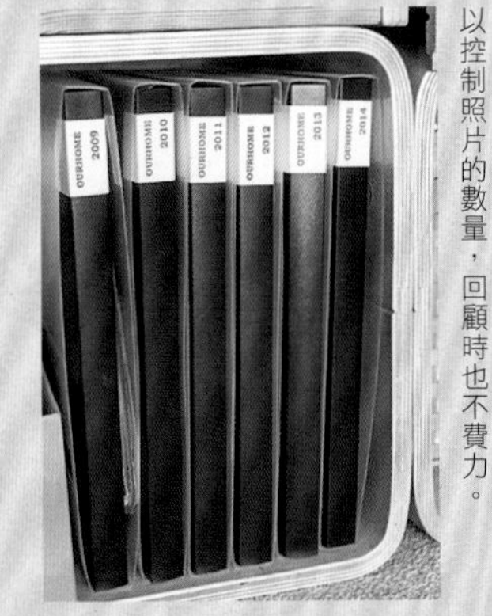

相本一年使用一本。因為有決定上限，方才得以控制照片的數量，回顧時也不費力。

例如Emi小姐費心收納的小孩照片。因為是很重要的紀念品，雖然不想要決定其數量上限，但在此仍適用「訂定標準」的概念。「決定出相本的統一款式，一年以一本為限。由於具有上限，進行清理很簡單，之後的管理也很輕鬆。倘若超出上限，不僅回顧會變得很辛苦，清理照片的意義也會消失。」

其他東西也一樣，只要東西數量

增加，就會漸漸地變得不方便使用。因此，一開始就決定收納的箱子或櫃子＝標準為上限。收納在文件盒裡的雜誌，如果超出文件盒可以收納的容量，就需要決定其去留。夫妻各自決定空間的鞋櫃，若超出鞋櫃的容量，就需要減少鞋子的數量。一旦超出標準，不要只是尋找其他的收納空間，可以往減少東西數量的方向突破。

rule 6

在家人聚集的客廳製作出綜合性的收納空間

客廳是家人聚集、當成生活中心的空間。因為是放鬆之處，即使有擺放一些裝飾的物件，不過以收納為目的的空間設計卻很少。客廳經常用來讀雜誌、裁縫或DIY、書寫學校或幼稚園訂定的作業，或作為小孩們玩遊戲的場所，在這個空間中會作各式各樣的事情。如果需要的東西就收納在附近，拿取時會較為方便。

Emi小姐將鄰近客廳的小孩空間一角，設置成一個綜合性收納的空間。不管是客廳還是鄰近的房間，全都沒有設置收納的空間，特意擺設一座寬型的開放式層架，將其中一面牆壁變換成收納空間。在前面裝上取代門板的簾子，只要拉上簾子，就可以將全體隱藏起來，保持空間清爽。所以就算這裡成為客廳視線所及之處也沒有問題。

在這裡，使用箱子或文件盒收納雜誌、工作的文件、文具、裁縫工具、工具等。印表機也放在這個位置，連接上電腦和Wi-Fi即可使用。由於全部的東西皆擺放於此，在客廳放鬆或和孩子遊戲時，不自覺地就會進行清理，也不會有散亂的狀態發生。

「若將東西四處分散收納，取出和歸位都是一種困擾。但如果是綜合性的收納方式，只需要統一放此處，由於全部的東西都聚集於此，尋找時相當方便。假如是放在家人經常聚集之處以外的獨立空間，收取實為不便。因此，在鄰近客廳的位置設置綜合性的收納空間，是一大重點。」

Emi家的綜合性收納空間。幸虧下決心製作了這樣的空間，讓客廳不會顯得凌亂。統一箱子和盒子的規格與顏色，可以讓整體畫面更清爽。

rule 7

以方便清理為考量的最短動線

不作麻煩的事、實踐此收納法的Emi小姐。為了達成這個目的，留意到動線的長短。如果使用東西的地方和歸位之處相近，動線越短，清理越方便，也不容易造成凌亂。舉例來說，在面向客廳的途中擺放衣櫃，既不會拉長動線，也能在不知不覺中將外套和包包放回收納位置。客廳的綜合性收納空間，和孩子的玩具都聚集在同一個地方，這就是運用最短動線清理東西的概念。

最短動線可以發揮最強的效率。例如，洗衣服的動線往往很漫長，相關的用品該如何收納？先試著仔細思考動線。將待洗衣物統一收集於一處再進行洗滌，洗好後拿到外面晾乾，晾乾之後再收進來，過程中，一定會經過客廳。衣服摺好之後，為了放回盥洗室或四處的衣櫥，而來來回回地走動。因此，Emi小姐將洗衣籃放在洗衣機的旁邊（＝零動線，可以直接將髒衣服放入洗衣機），再將毛衣和內衣褲收納在洗衣機前面（＝從烘衣機取出之後，零動線，馬上歸位），在洗衣機上設置吊桿（＝在這個地方以衣架懸掛襯衫類的衣物），衣櫥沒有分散放置（＝收集好晾乾的衣服，一起放回衣櫥），類似這樣的概念，將洗衣相關的收納流程系統化。不但成功縮短動線，清理也變得很輕鬆。

右上圖：從籃子將髒衣物放入洗衣機，零動線。右下圖：內衣褲、毛巾等以烘衣機烘乾的衣物，收納在洗衣機前面的層架，不需要移動就可以歸位。左圖：在洗衣機的上方安裝吊桿，要拿到外面晾乾的襯衫類衣物用衣架先掛在這裡，收集好之後，再一起拿到陽台晾乾。

rule 8

選擇可以改變使用方式的收納用品

Emi小姐不使用會被用途和場所限制的收納用品，而是選擇可以不斷改變使用方式的收納用品。「以前住家放在盥洗室使用的開放式層架，現在則改放在廚房裡，當成廚房使用的綜合性收納空間。因為是不限定用途的簡單型層架，更換使用方式完全沒有問題。」

樹脂製的抽屜盒也是可以變換使用方式的用品之一。可以收納文件、衣服、玩具或任何東西，因此，即使改變生活的方式，也有其他的使用方法。「選購可以各別分開使用的款式，深度和寬度則統一規格，以便反覆使用。」通常會以場所選擇適合的尺寸，不過若是變更使用的場所，可能會失去收納的效用。不只要考慮當下的效能，更要思考未來的可能性，盡量選擇不會浪費的物品。

鐵製層架也是方便變換用途的品項。如果層架位置足夠放上寬版的吊桿，就可以懸掛收納衣服。

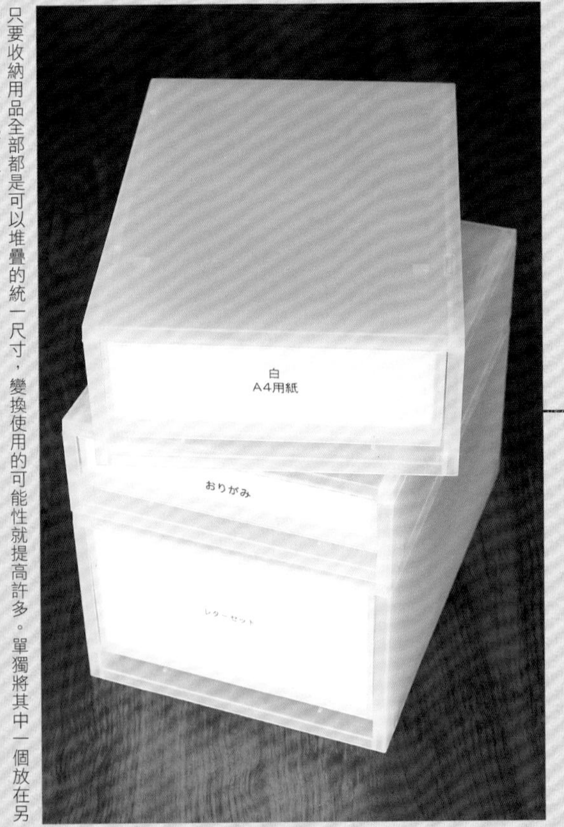

只要收納用品全部都是可以堆疊的統一尺寸，變換使用的可能性就提高許多。單獨將其中一個放在另外的地方使用也可以。

參考幼稚園的置物櫃概念，打造出小孩的收納空間。左邊為兒子的，右邊為女兒的，各自收納。

rule 9

採用量身打造的個人化收納方式

衣服放在衣帽間，幼稚園用品和內衣褲放在盥洗室，根據種類決定大致擺放位置的Emi小姐，在這個擺放位置中，則採取個人化的收納方式。不只男主人有自己的櫃子，孩子們的收納空間也分成兒子用和女兒用，確實作區分。

「盥洗室鏡子裡的收納，門邊為先生使用，我則使用層架的位置，因為有所區隔，不必一直開闔櫃門，也讓早晨的梳洗更順暢。個人化收納的優點，不僅可以滿足個人的期待，我認為自然也會想要負起清理那個區域的責任。即使是小孩，也能理解『這裡是屬於自己的空間』，自己要努力維持整潔。」

先生和小孩們如果可以確實管理自己的東西，太太&媽媽的工作就會輕鬆一點。為了達到這個目的，個人化的收納很有效，這是Emi小姐的想法。

鞋櫃也是採取個人化的收納。根據目的和種類進行區分，讓每個人各自管理一塊區域，是一種不錯的方法。

rule 10

收納沒有終點可言

不斷地修正收納方式，即使一度調整成完美的收納系統，這個狀態也無法持續維持，這是收納的特性。總之，收納並沒有終點。

「沒有終點的說法，聽起來雖然很負面，但是，當曾經決定的收納方法變得不合用時，就是生活會隨著時間而改變的證據。例如，孩子們長大了，為了符合成長環境而改變收納型態。孩子的成長是一件令人雀躍的事，對於這樣的改動我很樂在其中。」

當收納系統開始出現瑕疵，通常是家人邁向下一個人生階段的時刻。而此時機，需要改變收納系統的契機。在漫長的人生中，這種情況可能會出現好幾次，「可以配合成長增加新的物件，重新審視生活，捨棄不需要的東西，再發揮新的創意。為了讓每天都擁有愉快的心情，不設限，在每一個生活的片刻發揮巧思最為理想，我認為這樣思考會很快樂。」

如果對收納感到困擾，養成重新審視的習慣。「大區塊的收納守則是容易維持的方法。」

清理收納顧問
本多さおり的

收納&清理 rules 10

「收納是一種傳遞美好生活的方式。
使用毫不費力也能持續執行的收納系統，才能獲得最大效益。」

著有暢銷書《打造出不需要清理的空間》的本多小姐，傳遞著「毫不費力，只需建立清理的系統，收納就變得簡單」這樣的概念。經過數年之後，在收納之前，依然會先審視生活的樣貌。「雖然收納本身成為一個目的，不過卻是體驗生活的一種方式。」

本多小姐的「生活欲望」比他人多一倍。有著即使面臨即將開工，但為了在午餐時能享用美味的水果，而先去借冰箱冷藏的個性。「因為我很懶散，無法過著嚴謹的生活。即使如此，還是想吃美味的食物，想要在心中描繪出自己渴望的生活樣貌。為了這個目的，找出最好的方法，試著去執行。如果失敗了，就重新嘗試，持續改善，直到作到好為止。」

收納也不例外，經常會有「想要改善收納方式」的念頭。「滿足於過去方法和安排新的方法效率化，如果比較這兩者，我認為未來會有更多不同的樣貌。」

「適材適所的配置物件，並觀察他人的家居裝潢，以此作為努力的目標……」持續改良收納的方式，營造出每天可以持續更新的空間，這就是生活之美。

右圖：使用具有生活感的皮革沙發，並以綠意加以點綴。經常逗留良久的客廳，需要追求良好的生活品質。
左上圖：面向水槽的一側。黑色紙箱和標誌板等男性風味的物件，不斷增加中。
左中圖．左下圖：不使用餐具櫃，將餐具放在吊掛櫃門下的層架。只擺放一些自己喜歡的名家器皿。

本多さおり

具備清理收納顧問的身分，以家庭為主要對象，提供清理收納的建議。著有《打造出不需要清理的房間》一書（WANI BOOKS出版）。和先生生活在2K的住宅。
hondasaori.com

rule 1

貼近性格和習慣的收納方式會使清理更輕鬆

為了讓自己的房子可以輕鬆地整理，本多小姐設計出「毫不費力也能持續執行的收納系統」。「假如需要尋找清理的幹勁，就無法保證收納是否能繼續進行」這樣的聲明，對於竭盡心力、專心致志於清理的人們而言，多少會產生衝擊。

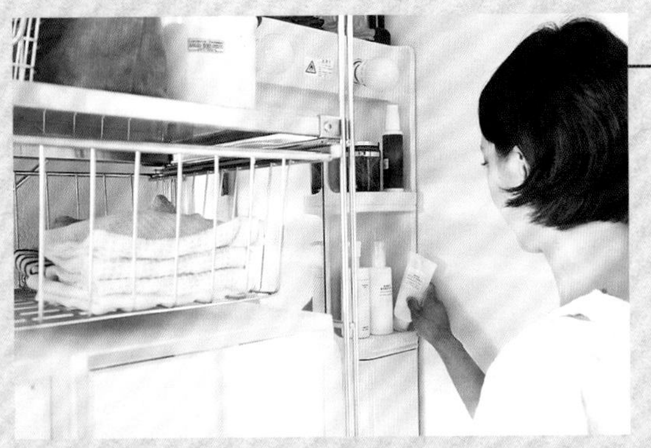

上圖：將包包掛在椅子上後，走向盥洗室的途中，牆壁成為放置飾品的位置。下圖：取下飾品後，就能進行清潔。洗臉台上擺著洗面乳、洗臉霜、化妝水、保養品等，旁邊的層架則收納毛巾，一步都不必移動，就可以一口氣完成洗臉的步驟。

「不同的人，性格和習慣也會有所差異。倘若無視這些差異，強制執行收納守則，只會面臨失敗的結果。改變個性和習慣很困難，但改變收納方法卻很簡單。」

要量身打造符合性格和習慣的收納計畫，首先，從觀察自己和家人的生活行為開始。舉例來說，從外面回到家之後，採取怎樣的動線。如果在動線上配置收納東西的位置，不自覺中就能將東西歸位，防止散亂的狀況。

歸位的方法也很簡單，假如不擅長摺疊衣物，就掛在衣架上；如果懶得收進抽屜，就掛在掛鉤上等。只要收納的人覺得方便處理的方法就ＯＫ。以本多小姐的情況而言，包包→掛在椅子上，飾品→掛在掛鉤上，洗臉用品→直接陳列，全部都只需要一個動作。無法連續進行兩個動作，就不採用勉強自己的方法。

「如果是貼近性格和習慣的收納方式，即使不依賴作家事的幹勁，也能達到清理的效果。我就是運用這樣的方式，讓每天的清理都變得很輕鬆。」

上圖：壁櫥裡男主人收納帽子的角落。從專用吊桿，改為以掛鉤進行收納，輕鬆將帽子歸回原位。下圖：早上，在換衣服的地方，運用門框型掛鉤＋衣架的組合，掛上襯衫。脫下來的睡衣則放入下方的盒子裡。回到家之後，再把褲子掛起來。

rule 2

保持可以用完的物件數量管理時會很輕鬆

東西的數量標準，在開始收納之前，就必須先考慮好。對於本多小姐而言，這是一個重新審視家中物品數量的契機。「說起來很慚愧，在肚子不舒服的時候，才思考其原因為何。難道是吃下的食物長時間放在冰箱，導致過期的緣故嗎？還是有其他的原因呢？」

平時只有夫妻倆生活在一起，因此購買食物時往往只買足夠兩人食用的份量，其中包含不能冷凍保存的生菜。經常採買圖中的Baby Leaf，或少量包裝的生菜。「因為並不是每一天都會作菜，就算只有一顆萵苣，不吃完也是會腐敗。雖然買一顆會比較實惠，但是稍微多花一點錢卻可以吃得安心。也從必須在腐敗之前吃完的壓力中，獲得解放。」食用完畢，冰箱的空間也能重新清理。因此，空間中隨時都是新鮮的蔬菜。

即使用完仍舊會出現的東西，也能有限制空間。將漸漸增加的紙袋，收納在玄關的鞋櫃裡。原本是放傘的地方，因寬度有限，如果放入十個紙袋就會沒有空間。「當空間無法收納時，即表示已經不需要這樣物件。」

留著使用不完的數量，反而會增加管理的困擾。

經常採買將蔬菜和香草混合的袋裝蔬菜，小包裝的蔬菜不僅烹調方便，也不會占用太多空間。

將鞋櫃放傘的地方當成紙袋的收納位置。具有高度的空間，運用L形的壓克力盒子分隔開來。

一次待洗的衣服份量約莫如圖所示。若改用大籃子收納，不僅占空間，還會造成懶得清理的困擾。

rule 3

雖然會感到困擾 但即使討厭 還是可以清理的技巧

對於不擅長清理的東西，採取稍微野蠻的方法，製造出麻煩的種子，也是重新審視自己的方式。

右圖中的籃子大概是60cm×40cm，對於女性而言，有點過大。「假如將籃子放在通道，就會變成通行的阻礙，因此會希望快一點把衣服摺疊好。」本多小姐說。

將晾乾的衣服從衣架上取下來，放入籃子，再將衣服放在壁櫥的入口。那裡剛好也是玄關的通道路線，籃子頓時成為障礙物。不過，假如將籃子更換為小一號的款式，放在房間的角落，就算洗好的衣服沒有立即收回抽屜也沒關係。

「如果可以，我不想摺疊洗好的衣服。因為這個念頭不曾改變，所以刻意製造出不必摺疊衣服的情況。即使如此，說不定哪天還是需要摺衣服？運用心理戰術，可以獲得意外的效果喔！」

rule 4

消除「應該如何」的概念 自由地使用空間

在我們的思維裡每個物件都有固定的位置。舉例來說，「餐具應該放在餐具櫃內」這樣的念頭烙印在腦海中，但這種制式化的想法很容易造成收納的困擾。

鄰近的客廳空間很大，餐具卻全部擺在餐具櫃裡，導致需要使用時往往出現不順手的情形。

利用鞋子上方多餘的空間，當成書櫃，收納想要保存的書本和CD。

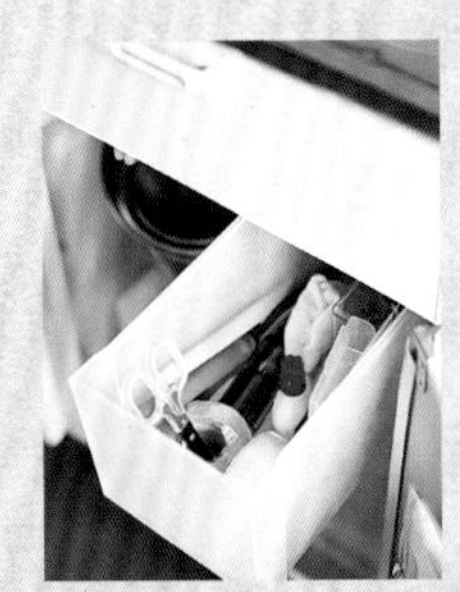

廚房的水槽下方。特地設置的抽屜裡，收納螺絲起子和鉗子等維修用的工具。

「如果沒有『應該放在哪裡』這樣的概念，收納會變得較輕鬆。請靈活思考，試著突破限制，自由地選擇適合收納的空間。如此一來，不僅讓收納空間的選項增加，也提高收納的可能性。」

本多小姐將鞋櫃當成書櫃使用。

對於2K42㎡有所限制的空間而言，沒有可以放置書櫃的多餘空間，大型鞋櫃又有空出來的位置，因此，她選擇利用鞋櫃收納書本。

此外，在廚房的水槽下方擺放抽屜，收納整修家裡時會使用到的工具。

隨時審視收納的方法，活用多餘的空間。

「如果被既定的觀念影響，就會形成『在鞋櫃擺書？在廚房擺工具？』這種僵化的觀念。不過可以由此開始思考收納的目的，讓生活更加便利，才是優先的目標，不妨試著重新審視家中的空間吧！」

rule 5

將東西「外顯化」 即使沒有刻意找 也能進入視線範圍內

「說起來，我對自己不太有信心。」本多小姐說。「我這個人，既懶散，又容易忘東忘西。雖然知道自己的不足之處，但卻很難更改習慣，所以刻意將東西都放在看得見之處，開始執行『外顯化』。」

從外面可以看到裡面的夾鏈袋，是「外顯化」的代表性用品。即使沒有將內容物取出來也能知道裡面放的是什麼，省下拿取的步驟，想要搜尋物品時相當方便。就算一起放入資料夾中，取出夾鏈袋也很迅速。

右圖：常常錯失使用時機的乳液和除臭用品。收納在更換衣服的地方，才能更輕易地進入視線範圍。左圖：將需要保留至年底的單據或收據，分成信用卡單據、醫療費等類別，放入透明的袋子，省下尋找的步驟。

將東西放在明顯的位置，也是「外顯化」的方法之一。舉例來說，放在壁櫥中間的籃子，裡面裝的是是乳液、除臭用品和卸妝油等，應該放在盥洗室的用品卻放此處。「因為都是更換衣服時會使用到的東西，所以放置在這裡。假如沒有製造使用機會，那麼東西就會減少使用的效能，為了提高使用率，以此為目標將用品收納在一起，打造使用的契機。」

需要歸還的租借DVD，以掛鉤掛在玄關的門上，以此類推，將茶葉和食材放在每天早上會吃的燕麥旁邊。

不是靠自己去找東西，而是將東西放在視線可及之處，製造出使用東西的契機。對於懶散的人而言，是一種不依靠外力的策略。

rule 6

運用籃子＆掛鉤落實隨手收納的概念

在收納的教科書裡經常看到一段話，「將東西收納在使用的地方附近」。但常見的狀況是，櫃子和傢俱已經放在固定的位置，無法變動。對於無法更換擺設的租賃公寓，本多小姐提供一些解決的方法。

「如果有某樣東西一定要放在某處這樣的想法，收納會變得寸步難行！甚至成為一種危機。選擇經常使用的東西，優先配置它們的位置。如果沒有空間可以收納，就創造出收納空間。」

一般的日常生活裡，一定會有「如果放在這裡，既方便使用又容易清理」的東西。舉例來說，如同在右圖中，沙發旁邊刻意擺放的木箱，由於經常在沙發閱讀雜誌，若將雜誌放在觸手可及之處，拿取時會很方便，因此特意在沙發的把手位置放上木箱，並把雜誌放在這裡。此外，經常使用的調味料，放在爐子下方門裡的置物籃內，以不需要蹲下的高度配置。如果有平坦的地方，可以放上木箱或籃子；如果是牆壁或門，則可以使用置物籃或掛鉤，打造收納空間十分容易。

「正因為簡單，才會成為想要作的事情。為了擺放喜歡的東西，打造出專屬的收納空間。因為『希望方便使用，而將這個放在這裡』的念頭，才會將東西配置在手邊。」

將家裡現有的木箱放在沙發的把手上，製作出可以收納雜誌的簡易書櫃。

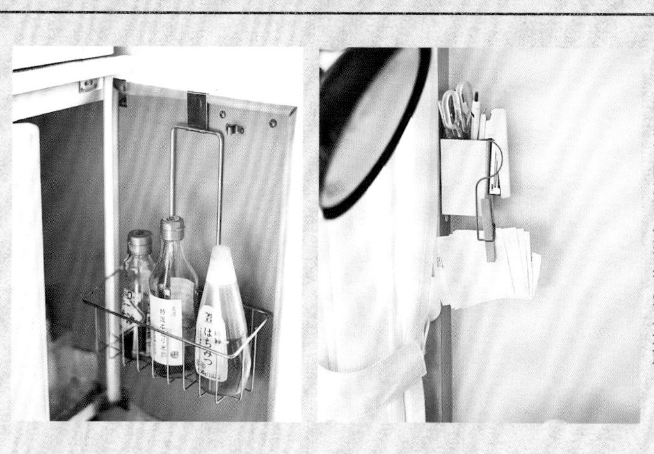

右圖：在書桌的前面，擺上經常使用的文具。將小小的盒子貼上黏貼式的掛鉤，固定在窗框上。從錢包取出的收據，以夾子夾在這裡。左圖：爐子下方的門內。掛上鐵絲置物籃，用來收納芝麻油和味醂等調味料。將東西放在下面，身高很高的本多小姐反而容易拿取。

rule 7

摺或不摺
根據皺褶和
擺放的位置判斷

以本多小姐的家而言，既有摺疊的東西，也有不摺疊的東西。不管是怎麼樣的住家，大約都會有這種情形，其中的界線為何呢？

舉例來說，工作檯抹布和餐具布。前者不摺直接放進環保袋裡，後者摺好之後放入抽屜。「工作檯抹布沾濕之後才使用，即使有皺褶也OK。而亞麻材質的布料在懸掛後，外觀會充滿皺褶。因此需要先摺疊，再放回收納位置。」

此外，內褲和內衣這類衣物的材質很相似，內褲不摺直接收進抽屜裡，內衣摺好後立著擺放，也是以會不會產生皺褶為分界。再者，內衣摺好後，收起來比較不占空間。即使同樣是內褲，但先生的內褲比較大件則需要先摺好再收納。

不只是「摺或不摺」，根據產生皺褶與否，或收納處作判斷，處理洗好的衣物會更輕鬆。「最終還是依據每一個家的作風作選擇。除此之外，也會因洗衣服的頻率而有所不同。因為我們家是每天洗衣服，必須摺疊的餐具布和內衣最多也只有一、兩件。週末一次洗的人，因為需要處理的數量很多，則又是另一種不同的選項。」

上圖：亞麻製的餐具拭布，摺好之後，整齊地排列在抽屜裡。若不摺疊，皺褶會很明顯，也會浪費收納空間。下圖：使用的時候需要以水沾濕的工作檯抹布，不需要摺疊。

rule 8

活用壁櫥的深度
讓前段方便使用

如果是有壁櫥的住家，通常會出現「這樣的地方就是要放這樣的東西」的觀念，以本多小姐的家而言，幾乎沒有出現這個情形。能夠確實掌握東西的生活，會讓心情變好，因此，本多小姐家中的壁櫥透過雜誌的介紹，獲得很大的回響這點，可以充分理解這個概念。

「雖然反覆使用過好幾次，如果沒有看見某樣東西，還是會忘記它的存在。忘記，等同於沒有。因此，收納時需要一些小技巧。我們家很狹小，收納空間受到不少的限制，所以更需要仔細思考。」

接著介紹壁櫥收納的思考方式。將壁櫥的深度分成前、後兩個區域。首先，將使用頻率高的東西配置在方便使用的前面，空著的後面則用來收納使用頻率低的東西。

「壁櫥和水槽下方等具有深度的空間，將東西聚集放在前面，而後面的使用方法就成為方便與否的關鍵。製作出手臂可以伸入的空間、分隔出抽屜等，如果能讓動線更方便，就不會堆積產生使用不到的東西。」

運用巧思，充分利用難以使用的後方區域，讓壁櫥改變成更方便使用的空間。

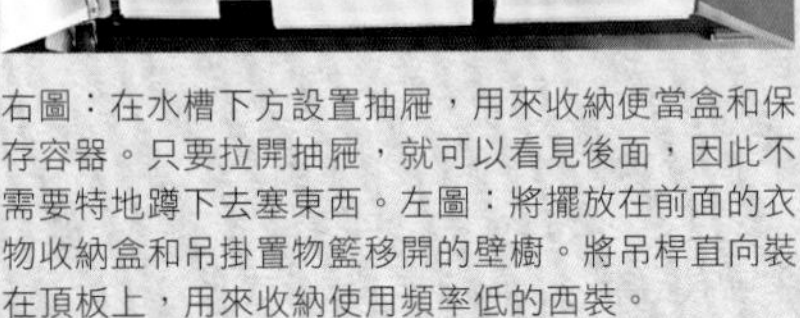

右圖：在水槽下方設置抽屜，用來收納便當盒和保存容器。只要拉開抽屜，就可以看見後面，因此不需要特地蹲下去塞東西。左圖：將擺放在前面的衣物收納盒和吊掛置物籃移開的壁櫥。將吊桿直向裝在頂板上，用來收納使用頻率低的西裝。

rule 9

重複利用簡單的盒子對改善收納方式有所貢獻

每一次拜訪本多小姐的家，都會留意到一些收納方式的小改變。即使是收納用品，只要改變擺放地方或用途，就能持續在家中發揮物盡其用的價值。

舉例來說，沙發旁邊擺放的木箱（P.67），能以廚房水槽旁邊的小型手推車取代其功能。此外，左上圖的餐具盒，曾經用來收納指甲刀和耳扒子等修容用品，現在則用來放印表機的墨水和「TEPRA」的卡帶。另外，壓克力的CD收納盒，從玄關移到冷凍庫；A4的文件收納盒，從洗衣間移到水槽下方。各自移到可以發揮作用的地方。

「因為方形的收納盒不挑擺放的位置，可以重複利用。重新審視收納方式，替換盒子，設置新的收納位置，就可以再利用！這樣的收納物件十分重要。不需要固定在某一個地方，想到的時候就可以拿來更動收納的方式。」

上圖：原本放在抽屜的墨水和卡帶，因為使用頻率變高，改放在可以直接拿取的餐具收納盒。右下圖：清理CD之後，不需要的CD收納盒，當成冷凍庫的隔層使用。左下圖：文件收納盒，以前放在盥洗室收納衣架。現在，則放在廚房的水槽下方的空隙，專門收納刨絲器。

rule 10

專家也會失敗正因為如此不求正解

掛在廚房層架的網袋，原本設定為收納零食的空間，但因為容易遺忘，至今還沒有派上用場。「因為時常忘記歸位，而落實『外顯化』的概念。但放在層架或抽屜裡，就不會使用這個袋子。這是一個失敗的例子。」

收納是由一連串的嘗試和錯誤所組成，即使是專家也會失敗。因此，當日常使用中感到不合適時，就必須仔細思考「改放在這裡如何呢？」這樣的事情，試著慢慢地改變，這是本多小姐的觀點。「如果尋找世界上唯一的正解，與之比較，容易產生『其他人會怎麼作呢？』、『自己是不是搞錯了？』這種不安感。如此一來，就會喪失往前一步的勇氣。不求收納的正解，試著找出自己容易執行的方法。正解其實就是自己嘗試的心得。」

失敗也是一種經驗的學習。為了收納零食而買的袋子，如您所見，現在還在探究其原因。

為了保持清爽的

取捨守則

如何處理日漸增加的東西，
這是持續收納＆清理不可或缺的觀點。
一起來聽聽這些人的取捨守則。

因為想要維持
以花草裝飾的空間。

「若要以花草襯托出簡單的空間作為重點，丟棄東西時就不能猶豫。」尋找幾個二手商店或舊書店等可以出清東西的商店，並降低捨棄的標準。（P.34～川原的家）

決定取捨的類別。

因為東西很多，自覺不是極簡主義者的EMMA小姐。經常無法丟棄收集來的東西，但衣櫥中只擺放會使用到的物品（衣服）。（P.10～EMMA的家）

假如收取並不方便，
就是一個思考取捨的時機。

「雖然也有主張不勉強丟掉喜歡東西的人，但如果拿取東西時變得不方便，就必需思考取捨的時機。」可在步驟比較少的『Amazon marketplace』刊登拍賣，重複利用。（P.110～さいとう的家）

對於取捨感到壓力，
可以先丟棄小孩用品以外的東西。

進入家裡的東西，在這個地方開封→取捨等，每天都會丟掉一些東西的清水小姐。「雖然我經常丟棄東西，但往往會選擇保留小孩用品。即使是飽和狀態也會勉強留著！當出現收納壓力時，就會重新審視物品的需求度。」（P.22～清水的家）

決定位置後，再不斷更換
內容物。不要塞得滿滿的。

「重新審視東西的契機，就是買新物件的時候。」如果已經決定的位置放不下，就要丟掉不需要的東西和舊的東西。「即使可以放入空隙，卻因外觀不美觀，而放棄動作。」（P.28～水上的家）

可以確保空間的家，
就不隨意捨棄物品。

小孩的作品收納在小孩房間的壁櫥，放滿後，就改放在臥室的床鋪下。「由於留存起來會令心情愉快，所以只要空間允許就不會選擇丟棄。若放不下，就利用大掃除時重新評估。」（P.72～etoile的家）

不擅長丟棄。
所以，不妨先藏起來。

不擅長丟棄東西的泊小姐，選擇將不知道是否要丟棄的東西，先放在不容易拿到的地方。「半年之後，再度看到這樣東西時，若有一種果然還是用不到的感受，就毅然丟棄。」（P.98～泊的家）

Part 3

常常因為不想要清理收納空間，不自覺地脫口而出：「因為有小孩啊！」有了小孩之後，生活中的物品也隨即增加，小孩還經常將東西弄得亂七八糟，提高不少清理的困難度。但試著拜訪那些不以此為藉口的人，在他們生活中可以當成參考的想法不勝枚舉。

就算有小孩
也能輕鬆完成的
收納&清理守則

在客廳一角設置的工作空間。於印表機前方以圖釘固定一塊布遮蔽，避免破壞室內裝潢的氛圍。再放上一台小型手推車，作為空間的輕分隔。

Work space

鞋盒的尺寸適合用來收納膠帶和繩子等捆裝用的包材。黑色的盒子會讓室內裝潢更有率性氣息。

因應書桌散亂的對策，將東西以A4板夾固定，收進箱子裡。先將未處理的文件和郵件放進去，等到空閒時，再開封→處理。

經常使用的文具和文件，放在慣用手的一側，取用時十分順暢。白色和綠色相間的筆記本，是用來記錄所有密碼的手帳。

血壓計收納在小型手推車上。放在方便拿取的地方，藉此照顧家人的健康。由於收納的銀色袋子可以輕易融入居家氛圍，就算直接擺放在外面也沒問題。

etoile小姐對室內裝潢擁有高度的熱愛，進而開始經營國外雜貨買賣網路商店。孩子出生後，為了管理家人的東西，開始專心致力於收納上。

「想要作好收納，最好先瞭解自己的喜好和性格，再開始進行。以女兒的衣服為例，由於可以面對很多自己喜歡的衣服，所以清理時就會覺得心情很好，形成一種良性的整理方法。但日常生活裡，沒有興趣的東西更多，該如何收納這些東西，就是今後的課題。」

需要特別留意的事情是：決定好固定位置、使用完畢要記得歸位這類的守則。讓東西的位置清楚明瞭，以便家人使用，則是最近在意的事情。即使如此，假如太過忙碌，還是容易造成環境散亂。要如何才能在沒空清理時，也能維持整齊的狀態，這種方法還在摸索當中。「不擅長整齊地並排擺放，或統整空間。因此，看不見的地方就不會特別講究。打開門後，以一個動作收取，成

將雜誌、紙類或其他生活用品，收納在壁櫥裡。即使裡面多少有點凌亂，還是會有「從這裡即可找到」的安心感。水電費的支出等緊急需要的東西，則放在吧台上的文件收納盒裡。

Dining

DATA

先生、九歲的女兒、四歲的兒子　四人生活
73㎡ 3LDK
屋齡六年
埼玉縣

BLOG
lajolieetoile.blog.fc2.com

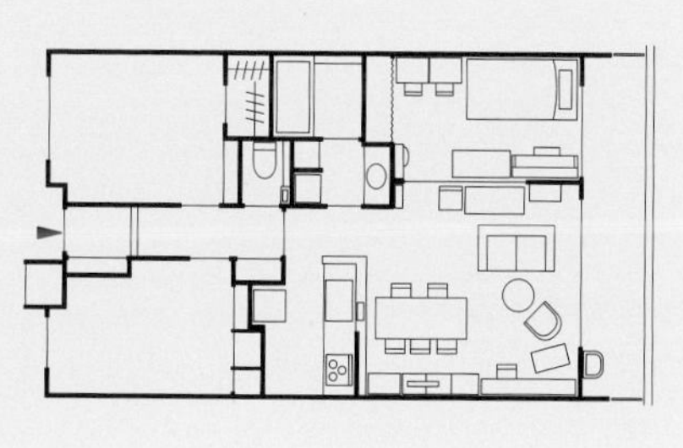

遙控器、筆、指甲刀等，將放置在桌面上以便使用的物品，改為收入桌子的抽屜裡，創造最短的收取動線。

托盤、杯墊和餐墊都放在餐桌抽屜裡的固定位置，比起放在廚房會更方便。

「為收納的守則。即使櫃子裡面很亂，但只要餐桌能夠保持清爽，就不會帶給空間凌亂感，這也是我現在的最佳處理守則。不要貪心，以自己的步調維護居家環境最重要。」

在靠近玄關處，擺放古典行李箱，作為包包擺放的位置。利用板夾和海報一起裝飾，打造出時髦的角落。

「因為不想在客廳擺放玩具，於是將隔壁的空間當成小孩房，隨時都可以把玩具收回房間裡。」塗上油漆的牆壁、復古的桌子、蕾絲的頂棚（床鋪用天蓋）等，結合這些元素，輕易打造異國風情。

將床鋪下的空間當成遊戲區＆收納玩具的地方。小型的層櫃、木箱、籃子和網包等，巧妙地搭配在一起，主要用來收納人偶和衣服等。

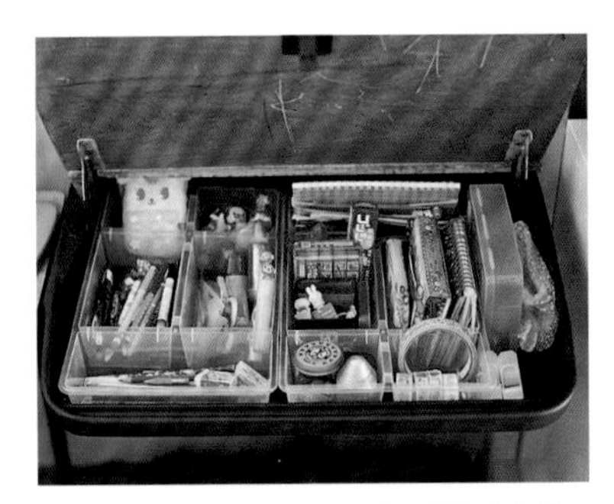

在女兒的書桌抽屜放入收納盒，區隔出空間，分別收納文具和筆記本。收納盒選擇作為抽屜使用的款式。

收納小孩衣服的櫃子。上面放置裝蘋果的木箱，除了擺放玩具作裝飾，還兼具收納的功能。Liberty的行李箱，放上人偶的衣服和陳列用的明信片作裝飾。

Kids' room

衣服採取季節替換制。將衣物直立地擺放，不僅種類一覽無遺，還可以確保冬季衣服的收納空間。

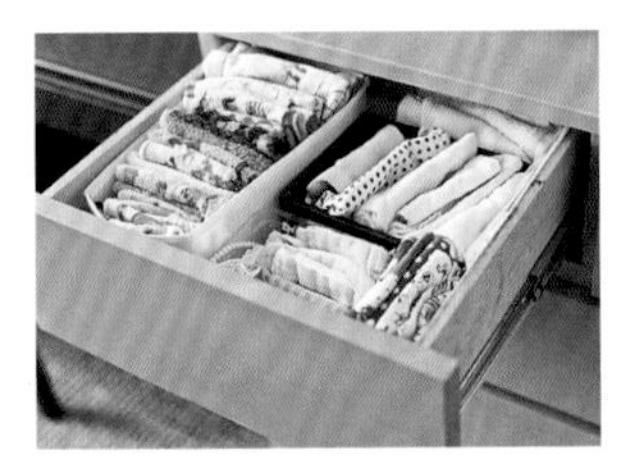

將女兒的手帕和口罩等學校用品全部收納在一起，運用空盒當成空間的分隔，並根據種類擺放。

將壁櫥的拉門拆掉，省去開闔的步驟。為了讓壁櫥裡的風格符合房間的氛圍，將壁櫥漆成粉紅色和灰色。上層放女兒的東西，下層放兒子的東西。

利用兒子喜歡的恐龍模型作裝飾，並附帶收納效果。因為興趣而購入的迷你車，也放在這裡。下方的籃子，成為玩具暫時擺放的位置。

將芭蕾、英語和游泳等各個學習項目的工具放入手提包內收納，因為可以直接帶著走，省下準備的步驟。

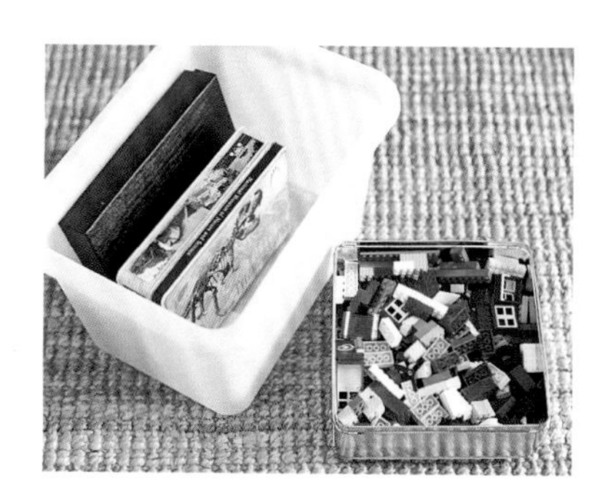

樂高積木等小小的物件放在罐子裡。因應成長的變化，玩具的種類增加時，備用的空箱子也可以用來收納。

將尺寸不一的盒子收入抽屜中，根據玩具的大小分別收納，避免混雜在一起，也防止開關時玩具相互碰撞。

將彩色櫃子並排在前、後區域，充分利用深度。前面的櫃子裝上輪子，使其可以自由滑動。後面則擺放使用頻率低的物品。

家中有
八歲的大兒子
四歲的女兒
兩歲的小兒子

用大型的恐龍畫作裝飾，營造出自己喜歡的空間。以前當成電鍋架使用的櫃子，塗上油性溶劑，成為書包擺放的位置。

四處放置籃子和木箱，以防止散亂

tweet

tweet的收納＆清理*rules*

rule 1 **在動線上擺放收納用品，不自覺地就會想把東西放進去。**

觀察家人經常出入或經過的地方，明確地擺放收納用品，就能創造「不知不覺就放進去了！」的收納習慣，十分輕鬆容易。

rule 2 **作為收納的用品，講究「什麼都可以放入」的通用性。**

收納用品選擇可以長期使用的物件，才能充分利用。舉例來說，現在收納玩具的A4文件收納盒，將來預定拿來收納文件。

rule 3 **將獎勵點數當成讚美的方式，提升小孩參與整理的欲望。**

如果要鼓勵小孩整理和學習，可以贈送小孩「獎勵點數」。累積到一定的點數可給予獎賞，再加上讚美的語句，就能讓小孩積極地面對整理這件事情。

符合玩具收納氛圍的鞋盒，以收納模型為主。追求讓收納用品得以物盡其用，是tweet的信念。

書桌背後的玩具擺放位置。「將喜歡的東西放在視線內，就無法靜下心來，所以在配置上發揮巧思。」管理由大兒子自己掌控。彷彿將玩具車停在停車場般的收納法，十分吸睛。這樣的外顯式收納也很管用。

Kids' room

大兒子喜歡的shutter式文件收納櫃，用來收納細瑣的樂高積木和摺紙等。分類用的標籤也出自大兒子之手。

直接黏貼功課表有點無趣，可以玩具作裝飾，打造出一個歡樂的角落。將素面的木箱塗裝後，安裝在牆壁上，當成展示櫃。

將小孩用的階梯護欄擺成L形，打造扮家家酒的角落。玩具大致區分為車子和積木兩大類，固定收納的位置，小孩也能清楚分辨。可運用繪本裝飾階梯護欄，進行小小地改造。

Kids' space

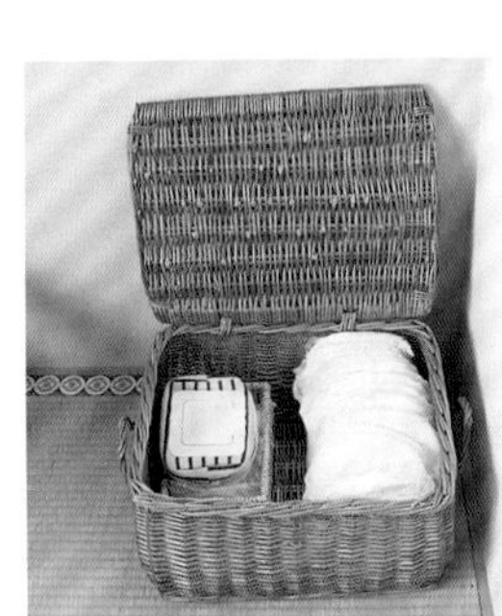

擺在地板的籃子，用來收納尿布和濕紙巾。因為經常在榻榻米上替換尿布，這裡是可以馬上取用的位置。

將馬口鐵的衣服收納盒橫向地擺放，當成書櫃，排列著tweet小時候讀的童話書。因為書桌在正背後，很適合將教科書放在上面。

連接客廳和玄關的和室，是媽媽和孩子的活動據點。壁櫥裡收納的是如果放在一樓會很方便的用品，像是玩具、學校用品和替換衣物等。

育有八歲、四歲、兩歲小孩的tweet，生活重心圍繞著孩子打轉，僅只有零碎的時間可以清理，因此專注在不要讓東西散亂的方法。想要達成這個目標，就得使用籃子和木箱等這類的收納用品。「因為原本就很喜歡收納用品，所以家裡備有很多。由於我盡可能不選場所，並適材適所地放置，實現『使用完畢即歸位』的守則，維持整潔也就不再是難事。」

在通道和不自覺想要放置東西之處，擺放空的收納用品。留意到的時候，就將東西迅速放進去，防患散亂於未然。即使在固定的位置找不到東西，只要往收納用品區尋找，就能找到，這也是一種避免東西行蹤不明的對策。收納用品裡堆積的東西，等到空閒時，再放回固定位置。

還有一重要的原則就是，東西須以保持適量為守則。小孩的玩具和文具等漸漸地堆積的東西，偶爾要重新審視，假如累積到難以收納的數量，就要移到第兩個或第三個的收納位置。

即使如此，還是會出現無法有效清理的狀況，這時就要發揮小孩的能力。「如果確實作好清理，就可以獲得一百點等，設立『獎勵點數』的制度。以點數來兌換點心、蛋糕等，因為具有讚美的意味，小孩受此影響會很努力地收納。也因此養成大兒子的『外顯式收納』法。」

為了使用上更方便，多次改善後的壁櫥。由於希望可以直接使用，所以拆掉拉門，並裝上門簾作為遮擋。左下角收納的是小孩的玩具。

8

將食譜放於此處並不算太遠，且偶爾才會需要使用，所以收納在裡面也沒問題。

7

tweet小姐的衣物，從二樓移動到一樓，讓更換衣物的流程更順暢。

1

無法觸手可及的枕頭櫃，用來收納小孩非當季的衣物。運用深型的收納箱確保容量。

2

貼在衣物上的防汗墊，如果放在更換衣服的地方，準備外出時會更快速。

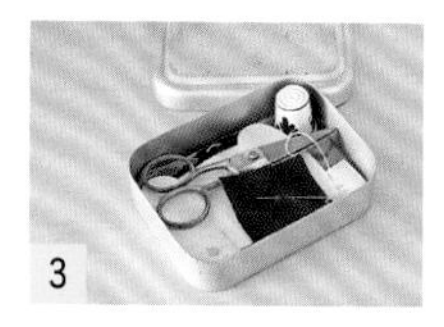

3

更換衣服時，如果看到需要修補之處，為了可以立即修補，所以在一旁備有縫紉工具。

4

壁櫥裡也備有「暫時性收納」的籃子。用來收納從小孩的包包取出的文件等，經常放在中層的東西。

5

小孩回到家後，親子一起準備明天學校需要的用品。從抽屜取出制服和手帕，一起放在收納盒裡。

6

此處專門收納手帕和手套等，大兒子每天帶去學校的東西。因為品項很多，所以在抽屜根據種類分隔收納。

DATA

和先生、八歲的大兒子、四歲的女兒、兩歲的小兒子　五人生活
約118㎡　3LDK
屋齡五年
奈良縣

BLOG
ameblo.jp/tweet-fufufu

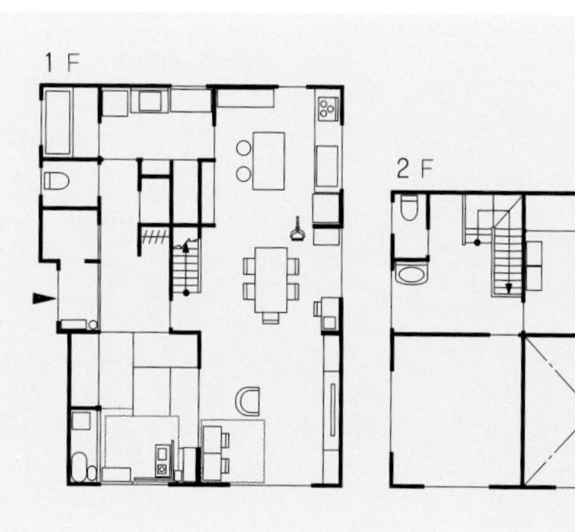

在病歷櫃上擺放馬口鐵的衣物收納盒，當成雜誌的收納位置。為了清掃吃東西時掉落的碎屑，特地購買的時髦型掃帚組，由於外型獨特，所以可以直接陳列。

「放A4紙張的病歷櫃，適合用來收納紙類！」左上四層收納的是小學和幼稚園的文件，十分顯眼。

Dining

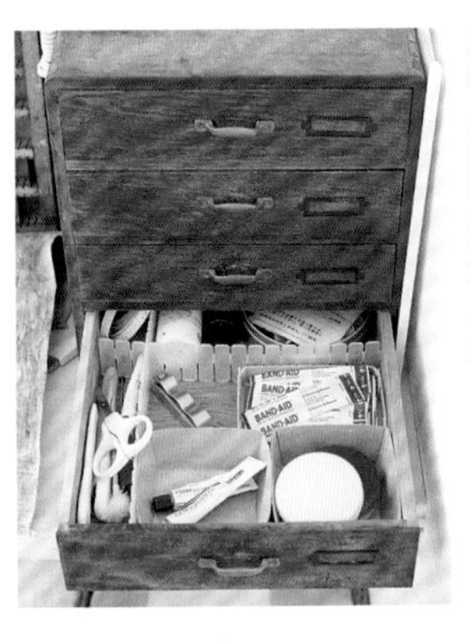

小型的抽屜用來擺放家人經常使用的藥物。使用烘焙用的模型作為分隔，根據種類品項分別收納，尋找物品時相當方便。

連接廚房和客廳的餐廳，是各種日用品往返頻繁的地方。為了不要讓東西常常擺放在餐桌上，而在附近準備暫時放置的籃子。餐桌上只常備著茶水和杯子。

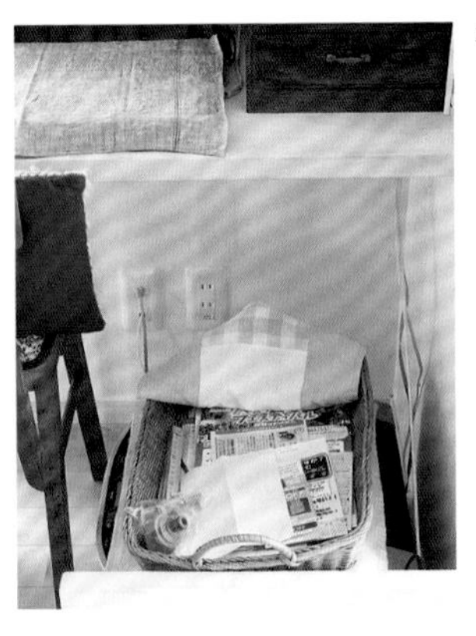

在印表機上方空間，擺放籃子，拿來收納「待使用的物品」，像是郵件、待修理的水龍頭等。

在固定的櫃子上擺放籃子和木箱，用來收納各種物品。左邊主要是相機和電影相關的用品，右邊則是遊戲和DVD等。小孩寫功課時需要的文具，也收納在這裡。

Living

準備空籃子，作為暫時收納玩具的空間。tweet小姐先將散落的玩具收集在一起，再讓小孩自己放回原本的位置。

在女兒的桌子前吊掛的籃子，用來收納梳子和髮圈等綁髮用品。比起盥洗室，距離更換衣服位置更近的此處，使用更方便。

總是四處擺放的遙控器，放在固定位置以便管理。清理櫃子灰塵的刷子和畚箕也收納於此。

從上面才能看見垃圾的垃圾桶，在櫃子的下方。婆婆手作的袋子旁邊，可以放入替換用的垃圾袋。

在客廳的一角擺放學校課桌椅，當成大兒子、女兒的學習角落。教科書和文具放在周圍的收納用品裡，這裡不放置任何的收納物件。

以粉紅色和灰色的元素，搭配而成的大女兒房間。現代感的書桌和椅子，是Aula小姐以前使用的物件。右邊裡側的附蓋籃子，用來取代書櫃的功能。

決定收納位置後，將東西都放進去，不擺出來

Aula

Aula的收納＆清理rules

rule 1 **將東西根據項目分類，放進各自的抽屜裡。**

曾經有過將東西隨興地收進抽屜裡的失敗經驗，由此可知，將東西仔細地分類收納為佳。為了達到這個目的，活用抽屜數量多的文件用櫥櫃。

rule 2 **拍攝空間的照片，進行客觀的判斷，藉此摒除會造成雜亂的要素。**

偶爾替空間拍照，可判斷東西收納的狀況和空間的顏色是否平衡。將外觀太繽紛的東西藏起來，是一項維持顏色清爽的方法。

rule 3 **參閱與整理相關的書籍或部落格，進而開啟減少東西的開關。**

「假如要提高空間的清爽度，就需要捨棄一些不必要的東西。」如果開闔抽屜已經變成一種壓力，不妨閱讀與整理相關的書籍和部落格，參考一些解決方案。

在家裡四處放上IKEA的家庭式辦公室抽屜櫃。充分利用櫃子的特色，「將東西適度地分類，會很方便。」文具、作品和遊戲本等，區分出小孩方便分辨的類別。

Kid's room

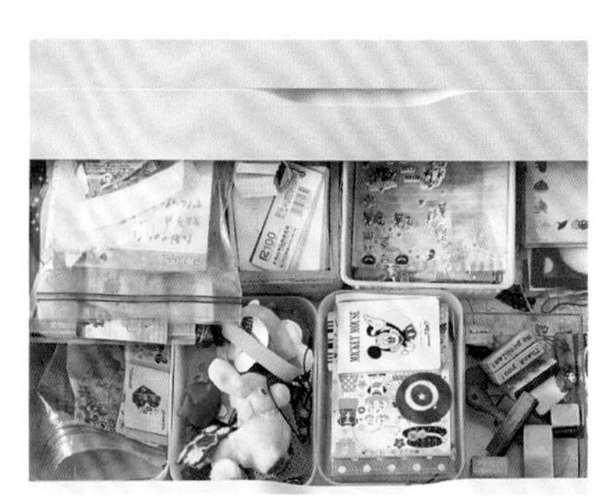

將家中多餘的籃子和收納盒總動員，放在抽屜裡當成分隔，分別收納貼紙、印章或來自朋友的信等細瑣的東西。

在床鋪和桌子之間擺放馬歇爾藤籃，以取代邊櫃的功能。將不想被看見的面紙盒和時鐘巧妙地隱藏。

以頂棚（床鋪用天蓋）、溜滑梯增加樂趣的小女兒房間。掛在天花板的粉紅色三角旗，是將芭蕾舞發表會後留存的不織布花朵，拉平皺褶，剪成三角形再利用。

上圖：收納彩色玩具的櫃子，讓背板面向空間的入口，隱藏凌亂的模樣。頂棚和地墊若搭配家中的風格，會令小孩們感到很開心。下圖：利用小女兒畫的運動會旗子，當成牆壁的亮點，這個裝飾「能讓人暫時沉浸在快樂的回憶裡」。旁邊則是朋友寫的信。

身為七歲和五歲女兒的媽媽，同時擔任幼稚園PTA（家長教師聯誼會）職員的Aula小姐，在大女兒進入小學就讀時，重新審視小孩用品的收納方式。

「將放在二樓小孩房間的學習用品改放到玄關附近的收納庫，因為幾乎都在一樓寫作業和準備學校需要的用品，就不需要再上樓拿取，非常方便。」

玩具和畫圖的工具也一樣，將會在客廳使用的東西收納在原地，當成基本守則。並排兩個IKEA的櫥櫃（參照P.88），左、右分別為妹妹、姊姊使用。衣服也移放到客廳，洗澡後更換衣服和將洗好的衣服歸位，這兩件事情的動線都變得很順暢。根據「在客廳擺放客廳用品」這樣的既定概念，在使用的地方收納使用的東西，不僅讓動線縮短，也可以提高收取相關物品的效率。

「原本很不擅長清理，以前都直接將東西放入籃子和箱子中。但是，裡面會亂七八糟，反而不方便使用，因此，現在活用抽屜，將東西分類擺放。雖然小孩也會有放錯位置的情況，對此，我抱持著輕鬆的心情，有空再將錯誤修正即可。喜歡室內裝潢的我，相當重視外觀，基本上，認為將東西全都收起來為佳。只要能讓東西各自歸位，就覺得很安心，所以決定東西的固定位置很重要。」

大女兒皮夾擺放的位置。外出時，只需從這裡取出即可，降低不少外出的準備時間。

Aula小姐專用的收納盒。回到家後，直接將包包中的東西收納於此。

在具有深度的抽屜，直接放入學習芭蕾等課程的工具包。

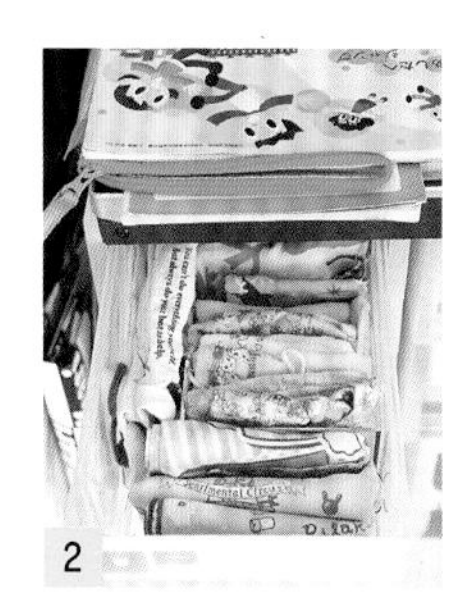

這裡放的是大女兒每天上學都會帶的東西，像是手帕、營養午餐用的餐巾和口罩等。

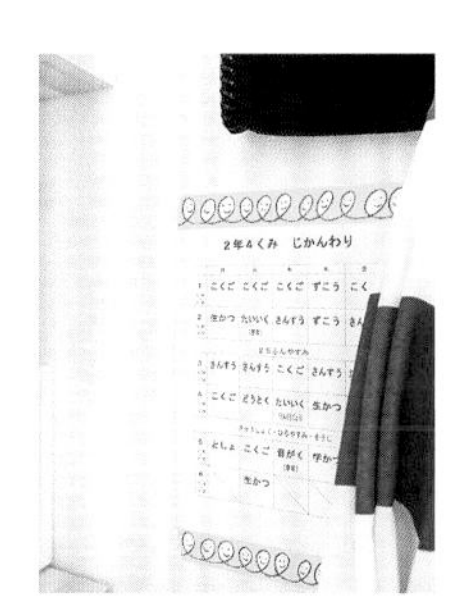

牆壁上貼的是大女兒的功課表。一邊看這張表，一邊選擇教科書等用品放入書包裡，準備工作很快就能完成。

Storage

使用電腦軟體，製作出有圖案和照片的標籤。羅馬文字來自於名字前面的字母。

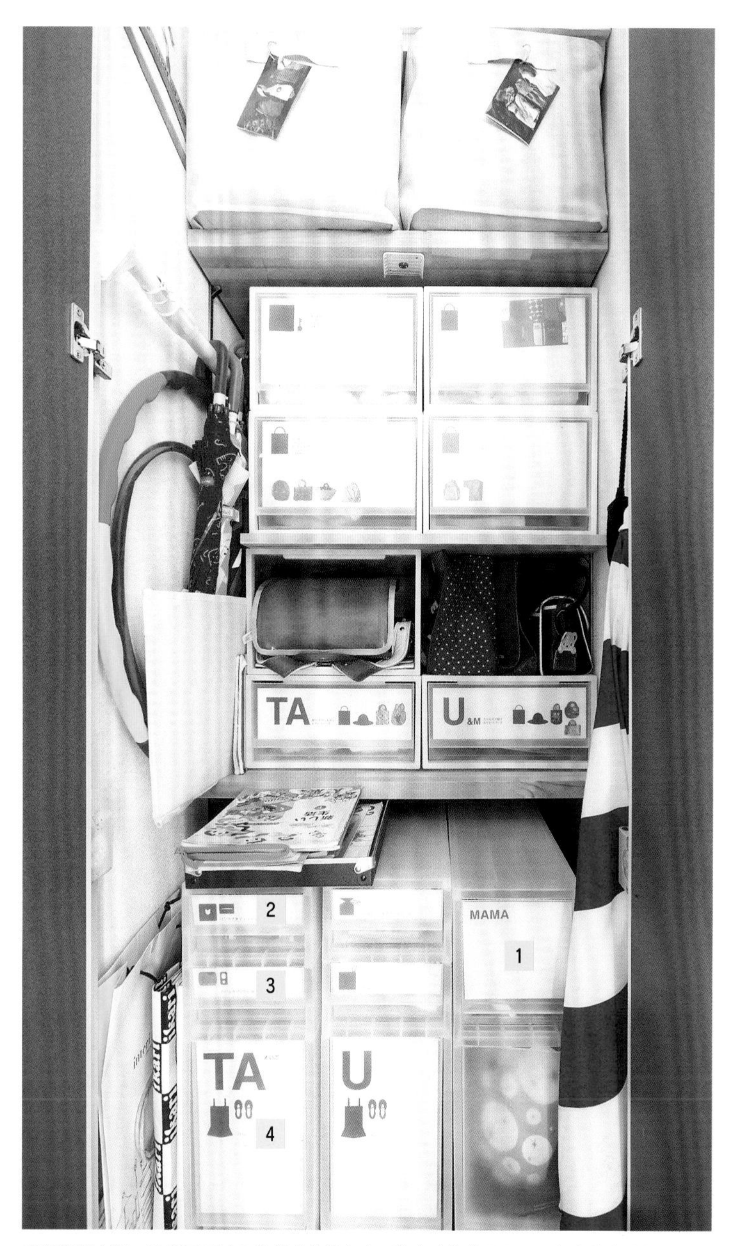

利用緊鄰玄關、樓梯下面的空間當成收納倉庫。將小孩的學習用品、家人外出的必需品，統一放在這裡。多虧這個空間的存在，外出時的準備和回家後的清理工作都變得很輕鬆。

DATA

和先生、七歲的大女兒、五歲的小女兒　四人生活
100㎡　4LDK
屋齡四年
大阪府

BLOG
aula.exblog.jp

1 F　2 F

家具幾乎都是北歐的二手物件。放在櫃子上的籃子，專門收納相機、Aula小姐的飾品和手錶。大女兒在這個空間寫作業之前，會先將書包放回玄關的收納倉庫。

沙發的死角利用籃子收納，裡面放置水彩顏料、噴槍等作畫相關的器具。覆蓋布飾後，就能降低凌亂感。

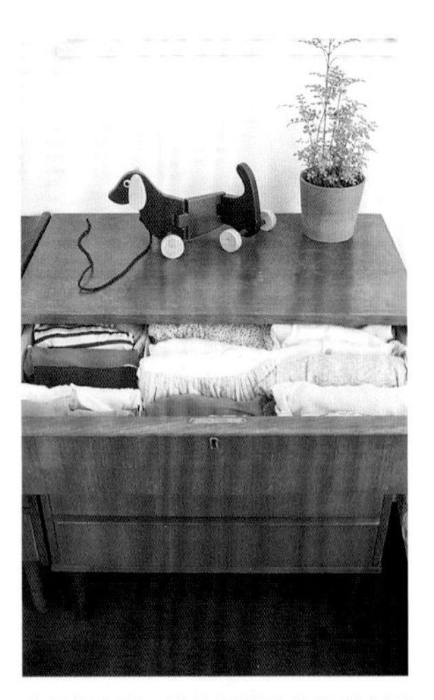

小孩的衣服，放在距離浴室和曬衣場近一點的客廳。不只是小孩，將洗好的衣物歸位的媽媽也很輕鬆！

「IKEA」的櫥櫃，用來收納在客廳使用的文具和小玩具。如果能清楚地區分右邊是大女兒、左邊是小女兒的空間，小孩也容易記住。

Living

Aula小姐的清理守則，首先從餐桌上開始。因為不管從哪裡都看得到這個地方，當餐桌保持清爽，心情就會很好。不自覺地就會擺放於此的行動充電器等，也改放在角落的小小檯座上。

Dining

將壞掉的Fanett椅當成放置面紙盒的地方，這是避免餐桌桌面凌亂的巧思。

在玄關的通道放置籃子，將DM一類的東西暫時放在這裡。每天要餵食的狗糧運用玻璃瓶盛裝，落實外顯式的收納。

Kitchen

營養補給品和過敏藥，放在廚房的固定位置，以便裝水食用。可放入籃子裡，儲藏在下方。

白色和自然色系搭配而成的清爽廚房。讓很多東西看起來清爽的祕訣，歸功於將廚房的家電顏色統一。

運用櫃子門內側和環保購物包，將不想被看到的東西藏起來

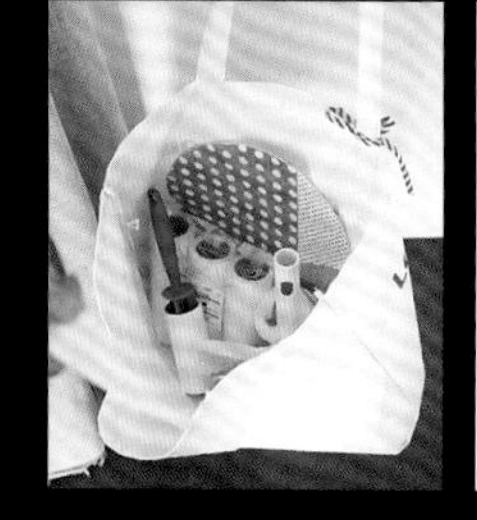

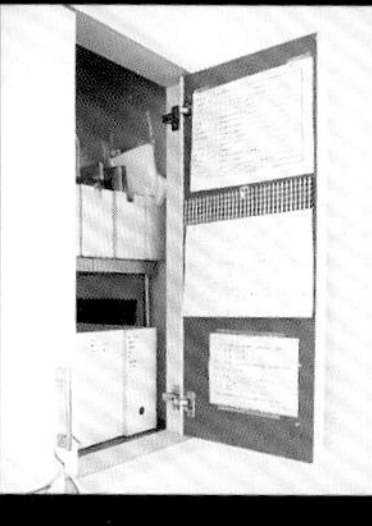

右圖：將門內側當成留言板，貼上學校和補習的行事曆、優惠券和折扣傳單等。只需要關上門，就能保持清爽。左圖：將打掃膠帶和滾輪（浴室用）放入環保購物包，並掛在門的把手上。備品也一起放入，更換時會比較輕鬆。

現在，正在為了減少東西奮鬥的Aula小姐。首先，整理廚房的工具，讓東西可以一覽無遺。「立即尋找到目標，可讓料理的速度加快。」

tomo的收納 & 清理 *rules*

rule 1 **為了讓小孩也能方便收取，摸索出符合遊戲規則的收納方式。**

將玩具從原本的包裝盒取出，統一收納在盒子或抽屜裡。不管是取出還是清理都會變得輕鬆，小孩也能主動整理。

rule 2 **現實裡，始終保持完美的收納並不可能。認清可以花費的力量，僅需守住大原則。**

抽屜和籃子裡也保持完美的收納是一種理想。不要白費力氣，只需定下大原則，讓物品歸位即可，這種思維也會比較輕鬆。

rule 3 **假如東西很多，就會感到煩悶，因而意識到不需要保留的東西。**

雖然也有東西很多卻能保持整齊漂亮的家，但tomo小姐很容易感覺疲累。因此，保持適量的生活物件最為重要。買東西時，先思考是否有空間收納，是她的座右銘。

使大人&小孩都能心情愉快為目標

tomo

9.5疊程度的空間，不算寬敞，不擺放多餘的物件，運用俐落的家具線條，保持空間的清爽感。並以燈具、活動裝飾品、海報等物件，提高室內裝潢的設計感。

Living & Dining

配合以前的住家所選購的沙發相當大，若擺放在現在的住處，就需要放棄客廳的桌子。不過由於大沙發的放鬆度十足，所以完全不考慮使用小沙發。

在電視的後面，擺一個籃子，用來收納經常使用的護手霜、小孩的藥品和棉花棒等用品。如果不往裡頭看就看不到，因此不會造成凌亂感。

放棄客廳的桌子，將凳子當成邊桌使用。裡側的箱子則放入喜歡的雜誌。因為這裡是視線不容易觸及的死角，反而更方便利用。

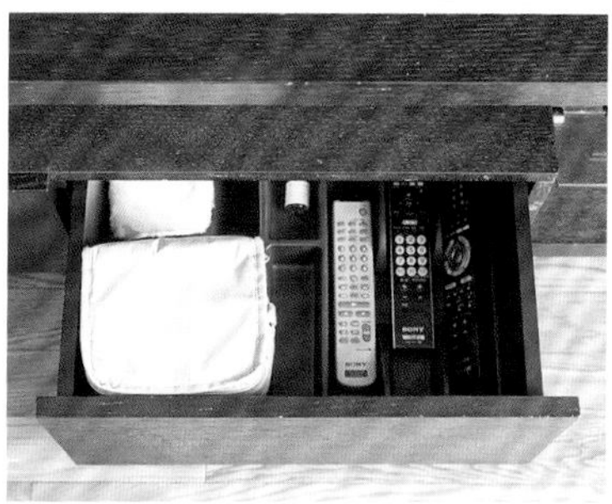

將家電類和電視相關的用品一起收納在電視櫃裡。遙控器也放在抽屜中的固定位置。白色收納袋中放的是相機用品。CD等用品則放在旁邊的抽屜裡。

Kid's room

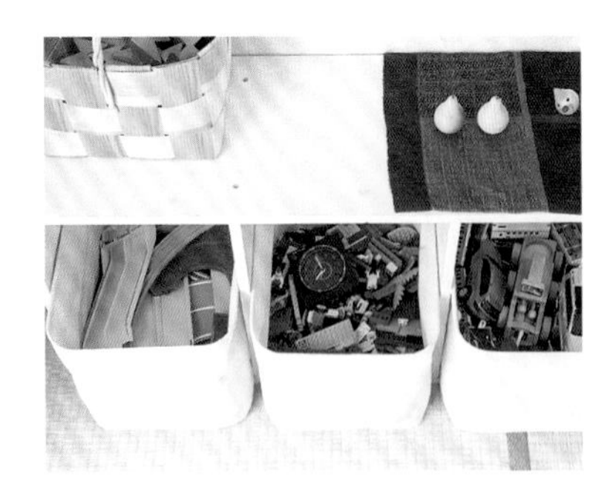

將玩具從原本的包裝盒中取出，放在軟質收納盒裡。一個玩具收納在一個盒子裡為基本守則，整理時只需要簡單地放入即可。

和其他玩具不一樣，為了能夠找出特定的迷你車，而將所有的車子並排擺放在淺抽屜裡。

將小孩的東西統一放置在和室。讓彩色櫃子橫向地倒放並排，剛好在小孩也能接受的高度。切掉桌子的桌腳，搭配小孩用的凳子，當成兒童作畫桌。

可以先觀察小孩遊戲的模樣，再設計出一邊遊戲一邊清理的收納方法。「若無法引起整理的興趣，說不定是因為收納方法不對。」

由於喜歡北歐的現代化風格，所以一點一點地購買憧憬的傢俱和燈具，享受室內裝潢設計的tomo小姐，打造空間時無法不顧慮調皮的小男孩。就是因為身兼雙重身分，在理想與現實的拉鋸下，勢必需要捨棄一些設計。即使如此，營造出來的空間，仍舊保持意想不到的完成度。

為了將客廳維持成大人的空間，而將鄰接的和室當成Kid's room，小孩的東西都置於此處。若小孩的遊戲場和客廳的空間能切割清楚，保持清爽感就會變得很容易。此外，可以當成和客廳相連的空間也是重點。即使玩具散落在客廳，比起還要歸位到獨立的小孩空間，一定更輕鬆，也不會出現玩具亂放的情形。

活用榻榻米的優點，融合和風和北歐風的物件成為kid's room的主調。「突破小孩自己方便遊戲、整理的心防。」藉由觀察兒子遊戲的模樣，構思出小孩一邊找玩具一邊清理的收納方法。為了讓小孩容易理解，使用簡單的收納方式，提高小孩的清理興趣。「配合成長的變化，重新審視收納方法和空間的使用方法，也能以小孩活動的kid's room當成指標來思考。」

將幼稚園用品聚集收納在壁櫥的下層。因為位置低，小孩自己也可以參與準備&清理。

1

裝上吊桿，用來掛制服。裡面掛的是當季以外的衣服。

tomo小姐將隔天要穿的內褲和襪子成套放在一起。因為不必再挑選，早上只需要讓小孩自己穿上即可。

3

幼稚園包的固定位置在彩色櫃子的上層。

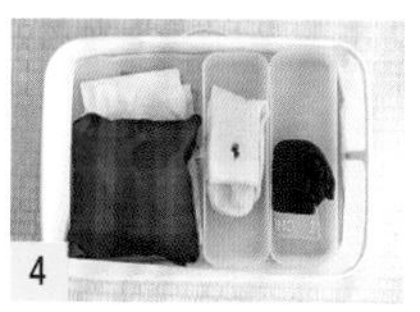

將襪子、內衣、內褲放在一起。洗好後，放回這裡即可。格子的袋子是雨衣的收納處。

5

帽子也放在固定的位置，小孩就可以自行收取。

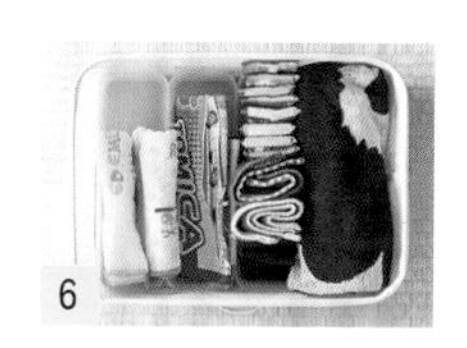

面紙、手帕、迷你毛巾和餐墊等放在這裡，由此可以輕鬆地取出放進包包。

7

需要帶大一點的東西時，必備的布包放在這裡。

畫圖工具組放在壁櫥下層備用。直接拿出盒子，就可以在桌子上畫圖。

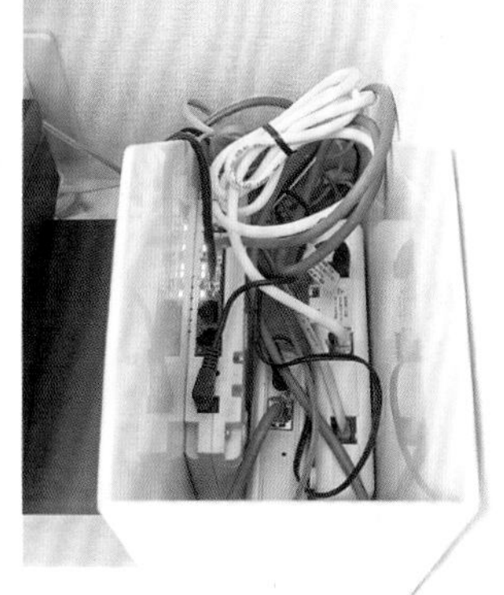

電話和網路用的數據機等擺放的位置，將電線捲繞，並使用「無印良品」的文件收納盒收納，看起來就很清爽。將分享器縱向地收納，是嶄新的靈感。

Corner

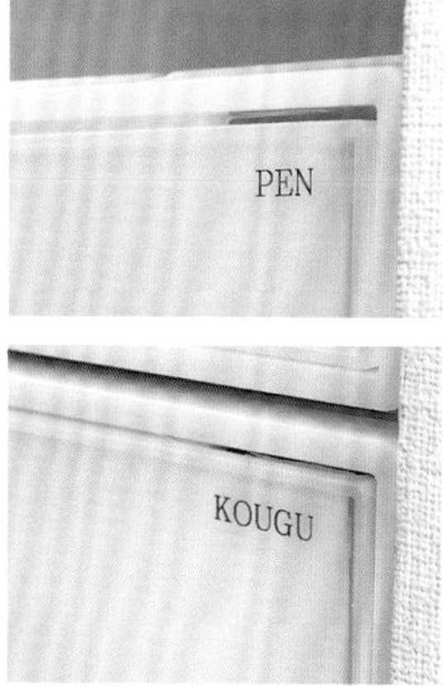

從客廳連接走廊的空間一角，一天當中會經過好幾次，這裡收納的是使用頻率高的東西。在抽屜收納盒裡，根據種類收納文具、裁縫工具、藥品、工具等。從Emi小姐（P. 54）的部落格獲得的靈感。

為了確保只有3疊大的廚房收納力，擺設一座不鏽鋼的層架。家電直接擺在上面，細瑣的東西，則放進籃子和抽屜收納盒。

充分落實盡可能保留少量的東西是tomo小姐的座右銘，藉此保持廚房清爽的氛圍。吊掛層架上所陳列的物品也保持在最低限度，基本上還是收在櫃子裡。

Kitchen

在爐子下方的收納空間。將鍋子保持在最低限度的數量，並打造出方便收取的狀態。鍋蓋和平底鍋呈直立擺放。

在吊掛櫃下的鋼管層架上，擺放琺瑯壺、廚房餐巾紙等，以便取用。

抽屜中收納了不少的餐具，擺放於此的原因是為了避免放置高處，造成珍貴的餐具毀損。

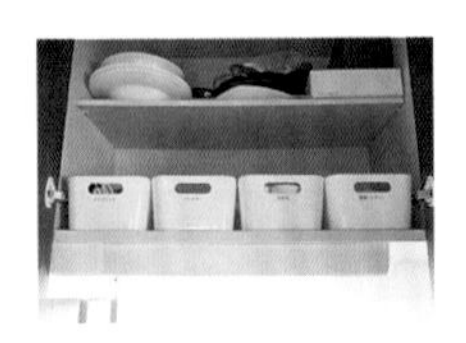

使用IKEA的收納盒，保持吊掛櫃裡的清爽感。專門收納餐墊、杯墊、便當用品等。

吊掛櫃裡，使用紙製的文件收納盒，因為輕量，所以方便收取。專門收納水壺、餐巾紙等。

Lavatory

利用洗臉檯和洗衣機之間的空間，擺放櫃子。雖然是深度比較淺的櫃子，但對細瑣東西很多的盥洗室而言，卻可以發揮相當大的收納功能，同時兼具隱藏洗衣機的效果。

層架最上層的籃子裡放的是零食。為了避免小孩隨意地取出，而收納在高處。

在層架的下層，以抽屜收納盒保存食品等。使用OXO的收納盒，收納粉類、麥茶等。

深一點的抽屜用來儲藏掃除用品和紙類用品。由於高度合宜完全不會浪費空間。

右邊的籃子用來收納吹風機，左邊的木盒則直立收納眼鏡和梳子。放在觸手可及的位置，使用上更加方便。

DATA

和先生、三歲的兒子　三人生活
（現在則加上小兒子四個人一起生活）
65㎡　3LDK
屋齡十八年
兵庫縣

BLOG
lifeco23.exblog.jp

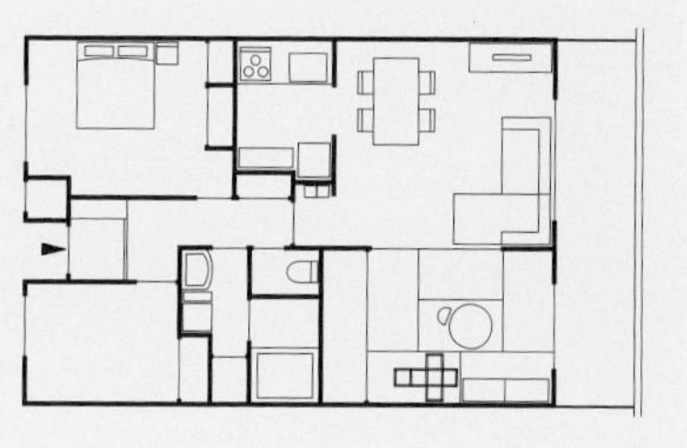

緊急狀況的

防災用品收納法

不是每天都會使用到的東西，
但需要預先準備的防災用品，
該如何收納呢？一起來聽聽他們怎麼說。

曾經有過恐怖的經驗，因此，一絲不苟地儲藏。

曾經歷過關西和關東的地震災害、紐約恐怖攻擊的さいとう小姐。將一個禮拜份量的水放在床舖底下和陽台。行李箱內則放著兩天份的食物、藥品、鞋子、尿布等。玄關也擺著頭盔！（P. 110～さいとう的家）

和戶外用品一起放在玄關。

防災用品包括市售的緊急用救急包，及地域性的防災地圖。此外，將家人的鞋子和野餐墊放入束口袋，和簡易帳篷放在一起。收納的位置最好設在玄關。（P. 78～tweet的家）

以方便移動為主要考量，盡可能保持輕量化，並以小孩用品為主。

「因為走到老家是步行即可的距離，如果緊急時刻決定不留在家裡，就不要帶太多東西，只帶可以保護小孩最低限度的東西。」如防災頭巾、杯子、面紙、毛巾、塑膠袋、口罩等。（P. 22～清水的家）

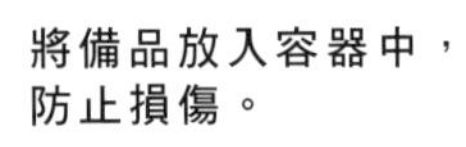

將備品放入容器中，防止損傷。

在不容易損壞的容器裡，放入罐頭、手套、毛巾、電池、狗糧、鹽等用品。因應停水的對策，就是儲藏多一點的水。為了在緊急時刻方便攜出，常備在靠近玄關的和室。（P.84～Aula的家）

使用愛用的背包，緊急時刻也能輕鬆以對。

夫妻兩人的一次性的避難用品，收納在同一個背包裡。裡面放的是蠟燭、城市的防災地圖、垃圾袋等。背包和蠟燭都是以前使用的東西，使用時會產生安心感。放在玄關的鞋櫃下層備用。（P. 62～本多的家）

不經意地放在玄關，如同放著行李一般。

收在很隱密之處，而不能馬上取出，就是沒有意義的防災用品。放置在玄關的東西，就是無法收進櫃子裡的重要用品，因此直接放入麻布袋，擺在玄關即可。（P. 98～泊的家）

Part 4

造成家裡散亂的理由當中，一定會出現「因為空間狹小」這類的說法。廣義而言，狹小的空間反而可以輕鬆地完成收納，並不足以構成理由。生活在時髦型住宅的人們，擁有不同的收納靈感，也創造出各式各樣的居家空間。以正向積極的態度面對，保證會獲得一些靈感。

即使空間狹小
也能進行的
收納＆清理守則

4.5疊的狹小客廳。為了使空間增大，拆下沙發後面的拉門，和餐廳相連，並採用不會具有壓迫感的開放式層架。

運用改造技巧，以男性風格的外顯型收納為目標

泊 知惠子

泊的收納＆清理rules

rule 1 **不擅長收納，所以不收起來。落實外顯式收納，一目瞭然。**

由於不擅長收納，如果直接將東西收進櫃子裡，會造成不知道東西放在哪裡的狀況，也會讓東西的管理變得麻煩。正因為是收納白痴，而採用外顯式收納。

rule 2 **假使可以統一風格，就能打造空間的整體感很清爽，以此為目的的手工，即是所謂的改造。**

以外顯式收納為目標，統一陳列的東西風格很重要。已經買的東西無法改變，需要運用改造的方式統一風格。

rule 3 **小孩的用品就以小孩的視線高度進行收納，減少「幫我拿那個」養成的依賴性。**

若想讓小孩自己尋找想要的東西，就必須收納在小孩搆得到之處。減少「幫我拿那個」的聲音。

Living

沙發旁邊擁有標誌圖案的麻布，是空間的亮點。實際上，它不只是裝飾品，還兼具遮蓋燙馬的功能。

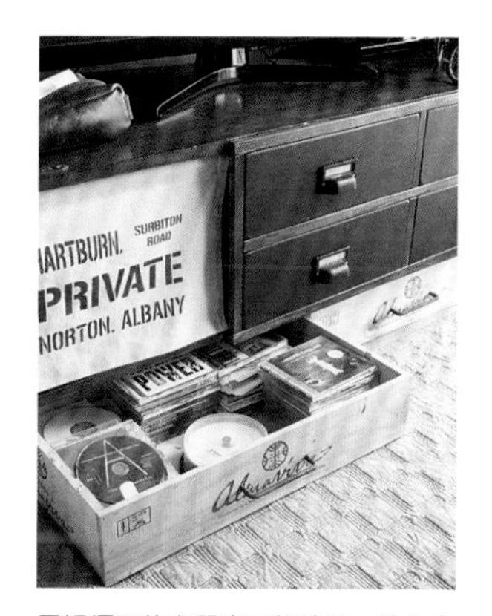

電視櫃下的空間也不能放過，放入木箱，用來收納CD。電視櫃也是重新改造的物件，塗上油性溶劑，打造出率性風格。

電視櫃的抽屜。在門板的背後安裝磁鐵，打造隱藏視線的門。裡面收納印表機等用品。由於門板很容易就能取下，使用上很方便。

將以前使用的手推車抽屜重新改造成裝飾櫃，並將自己製作的印章陳列其上，兼具裝飾和收納的效果。

因為購入ACME Furniture的桌子，成為打造中性空間的契機。將廚房的門貼上合板，重新改造。

在吊掛櫃下的鋼管層架，收納放入罐子裡的砂糖、鹽等調味料。利用自己作的標籤統一風格，也讓外顯式收納顯得很時髦。

在爐子前擺設物籃。由於是自己親手製作，所以可以配合空間的尺寸，創造出些微的空隙。正因為是空間狹小的家，才得以發揮DIY的本領。

Living

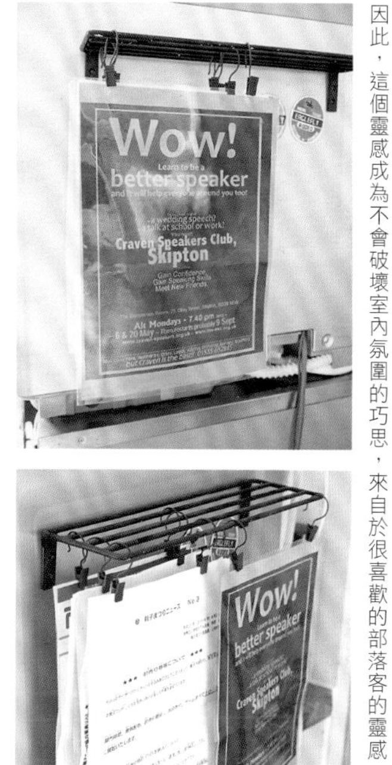

為了在洗碗機的背面掛上來自學校的傳單，運用百圓商店買來的鐵架重新改造。印上logo的紙可以像窗簾一樣移動位置，還可以隱藏其他傳單。如果將這些傳單收起來一定會忘記其存在，因此，這個靈感成為不會破壞室內氛圍的巧思，來自於很喜歡的部落客的靈感。

在吊掛櫃的門上貼上裁切墊和木框，營造出咖啡店風格。可使用白色的筆寫上文字，不用擔心會像粉筆一樣掉粉筆屑。

在爐子的下方，是適合收納鍋子、平底鍋的櫃子。不重疊放置，才能輕鬆收取。門裡裝上掛鉤，掛上手套，這個靈感也很棒。

搬到屋齡約四十五年的住宅區時，「感覺髒亂陰暗的空間」曾經這麼說的泊小姐。不只是三個人要住在52㎡這般狹小空間的障礙，對抗老舊也是必經之路。但現在完全不會有這種感覺，反而洋溢著很受歡迎的率性氛圍，成為時髦的居家空間。從搬家以來就面臨一連串的挑戰，需要在牆壁DIY貼上木板，再塗上白色油漆等。最初的目標，就是成功打造出明亮寬敞的感覺。

大約一年前，陸續添購有標誌圖案的雜貨，採用黑色和咖啡色的元素，開始營造中性風格。日常使用的雜貨也不斷增加，為此逐一改造成時髦的物件，改變也是一種收納方法。以前以「將東西藏起來，保持清爽」為目標，但拿取及使用時都相當不方便，後續的清理更令人困擾。如果能夠統一雜貨的風格，陳列時也能呈現時髦的氛圍。「如果能夠破除必須隱藏起來的固有觀念，真的會變得很輕鬆。」泊小姐已然成為完全的外顯式收納主義者。採取隱藏收納方式時，經常會有搞不清楚東西放在哪裡的情形，現在則沒有這個問題，也不再有擺放附門的收納傢俱的必要性。改變收納方法，也能讓空間看起來更寬敞。

Kitchen shelf

捨棄附門的櫃子，改用開放式層架，以便掌握現有的食品份量。「以前無法好好地管理，導致出現很多超過保存期限的食品。」

運用開放式層架的側面，特意設計的巧思。將家電全部接上電源，在這個位置保持隨時可以使用的狀態。

咖啡濾紙的架子，以木片製作。可以直接在此沖泡咖啡，動線一氣呵成。

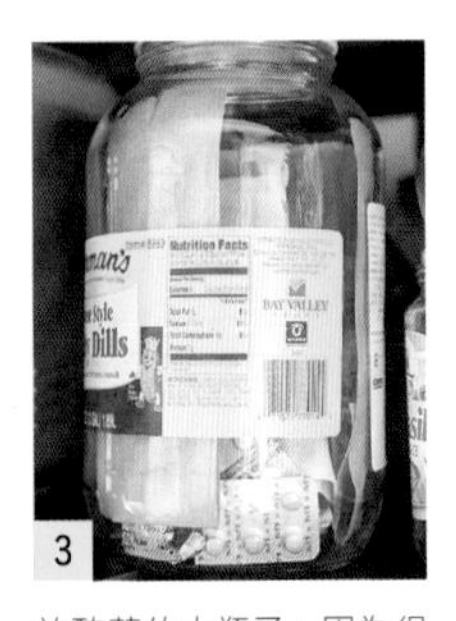

放醃菜的大瓶子，因為很可愛，用來收納藥品。放入一張美術紙，隱藏內容物。

兒子們的食物集合箱。如果擺放在伸手可及的位置，小孩們自己也可以找到。

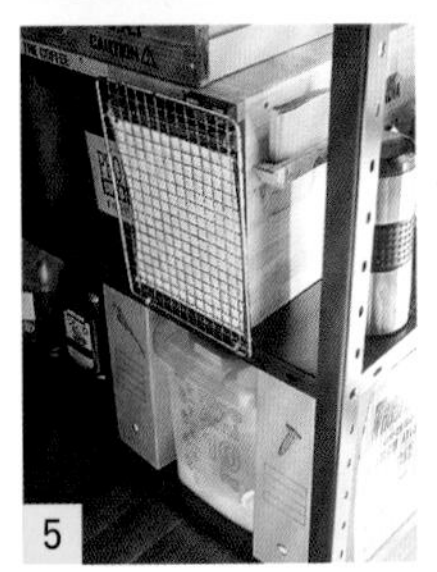

收取米箱時，為了不讓擋住視線的網子產生干擾，在上面的層架裝上磁鐵，拿取時可使用磁力固定網子。

放入罐裝食品和罐頭等備品的箱子。在「IKEA」購入的箱子外貼上標籤貼紙。

7

運用麻布遮蓋住的是烤箱。

8

微波爐上面放的是餐具籃，可以直接將籃子拿到餐桌使用。

9

餐墊和手拭巾，因為希望讓小孩幫忙收取，所以放在這個位置。

DATA

和中學三年級的大兒子、
小學四年級的小兒子　三人生活
52㎡ 3DK
屋齡約四十五年
大阪府

BLOG
http://smtdfactory.blogspot.jp

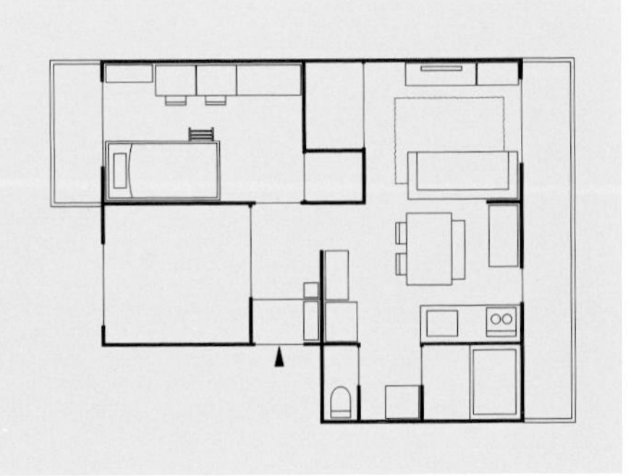

Living shelf

擺在電視櫃旁邊的層架，顏色厚重，高度又高，為了不使人感到壓迫，因此選擇不容易聚焦、沒有門的開放式層架。其中一部分當成裝飾空間，不會塞得很擁擠，也是不會感到沉重的理由之一。

1

膠台以噴漆改變顏色，再加上標籤貼紙，整體煥然一新！

2

掛在櫃子下的置物籃，用來收納遙控器。

3

將購入的木箱裝上把手，作出邊框，當成收納文具、指甲刀、溫度計等用品的小抽屜。

4

因為會在客廳化妝，所以將化妝包收納在這裡。

5

只需要在紙製的文件收納盒外蓋上數字印章，就能瞬間提升時髦度。

6

在貼上貼紙、充滿原創風格燈具的下一層收納精油。動線很理想！

7

具有德軍氣氛的盒子，當成收納用品，裡面放的是眼藥水、藥膏等。

Entrance

在玄關的牆壁貼上基礎型的合板，營造出輕手作的感覺。標誌圖案的相框很適合這裡的氛圍。外顯式的眼鏡收納也是很棒的靈感！

Bedroom

兒子們房間的壁櫥部分。若需要打開門才能清理，小孩會覺得很麻煩，因此發揮DIY技巧，只裝設上半部的門板，下方則保持開放性。

將和室內裝潢調性不搭的柱子與壁條，貼上白色的紙膠帶，拉門則以孔板作隱藏。櫃子也貼上黑色的紙膠帶。

即使空間狹小也不放棄，輕鬆營造出喜愛的黑白世界

高橋秋奈

高橋的收納 & 清理 *rules*

rule 1 **不管是白色、黑色，或灰色都很喜歡。將物件的色調統一，空間就會顯得很清爽。**

空間內若出現大量的顏色，容易造成散亂感。只需有限度地控制出現的顏色，就算東西全部陳列也不會令人感到繁雜。

rule 2 **若要將相同的物件置於同處，需先統一收納用品的形狀與顏色。**

將相同的東西並排放置成一列，規律的行列看起來十分整齊清爽。在同一個位置並排的東西，不管是瓶子、箱子還是抽屜都要統一！

rule 3 **想要擺放的位置還有空間嗎？不要忘了在購入前要先評估衡量。**

對於狹小的空間而言，稍微的浪費也不容存在。想要擺放收納用品的位置，一定要測量尺寸，這點很重要。這是基於好幾次失敗的經驗所得到的結論。

將HAY的文件收納盒擺在櫃子上攤開，既可以享受設計的美感，又兼具收納的作用。不放置文件，而是改放細小的物件，發揮靈感可以增加生活的樂趣。

放在櫃子裡的原文書是外顯式的物件。實際上它具有收納的功能，盒子裡放的是細瑣的筆記本和文具。

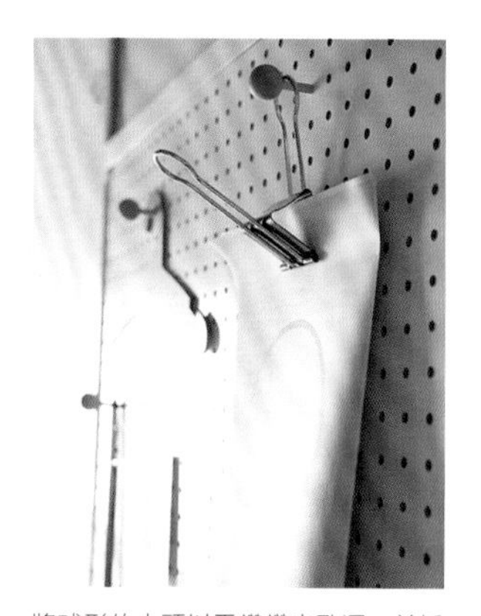

將球形的木頭以電鑽鑽出孔洞，並插入木棒，製成獨特的掛鉤。再裝上孔板，掛上燕尾夾，當成一種陳列的方式活用。

寢具亞麻類以單色調為主，形成時髦的角落。在牆壁貼上別緻的海報，仿造窗戶的存在感，並以凳子取代邊桌。凳子的用途很多元，對於狹小的空間而言，是很重要的傢俱。

將紙箱塗成白色，改造成符合空間的氛圍。分別用來收納CD、DVD、遊戲軟體、電器製品的電線和變壓器等。

飾品暫時擺放的位置。只需要將木板以壓克力顏料隨意地塗上，就能營造藝術品的氣息。拆下飾品時，若先放於此處，也不容易弄丟。

由於廚房上方的窗戶無法透光，因此裝上層架，當成調味料擺放的位置。適合收納廚房裡細瑣的東西，是很重要的收納物件。

4

如果過度疊放餐具，擺在下面的餐具則難以使用，因此，使用ㄇ字形的架子，創造雙層的收納方式。

1

將餐墊直立收納，節省空間。

2

手作的袋子和商店購得的網袋，運用S形掛鉤，掛在層架的側面，當成另一種收納用品。

5

「無印良品」的文件收納盒用來放乾貨和食材。

6

盒子裡，放的是罐頭、義大利麵、油品、零食等備用食材。運用盒子將外包裝藏起來，保持空間的清爽感。

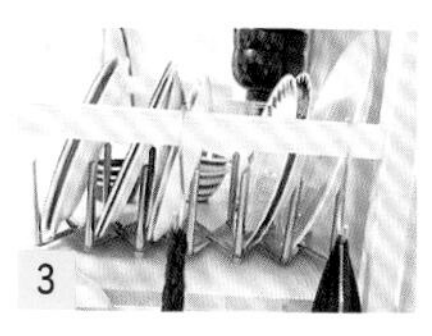

3

將鍋蓋架當成盤子架。和重疊式的收納方法不同，可以馬上取出想要使用的盤子是最大的優點。

Kitchen

雖然稍微偏離動線，但在夾住餐桌廚房的另一側牆壁，設置開放式層架和冰箱，並將層架當成餐具櫃使用。因為餐具也都是黑色、白色和灰色，即使採用外顯式收納，也不會破壞室內裝潢的氛圍。

在爐子側邊的牆壁，裝上吸盤式的板子，用來收納工具和手套，也可以收納鍋蓋。右上的黑色夾子，不僅可以收納橡皮筋，也能作為預備收納使用。

在「mon・o・tone」購入的盒子，將垃圾袋和塑膠袋收納於其中，不僅使用方便，還不浪費空間。標籤是高橋小姐親手製作。

下定決心裝上層架，堵住的窗戶雖然無法使用，但在伸手可及的位置可以大量的收納，真的很方便。因為深度淺，東西採用並排放置的方式，望眼過去一覽無遺。

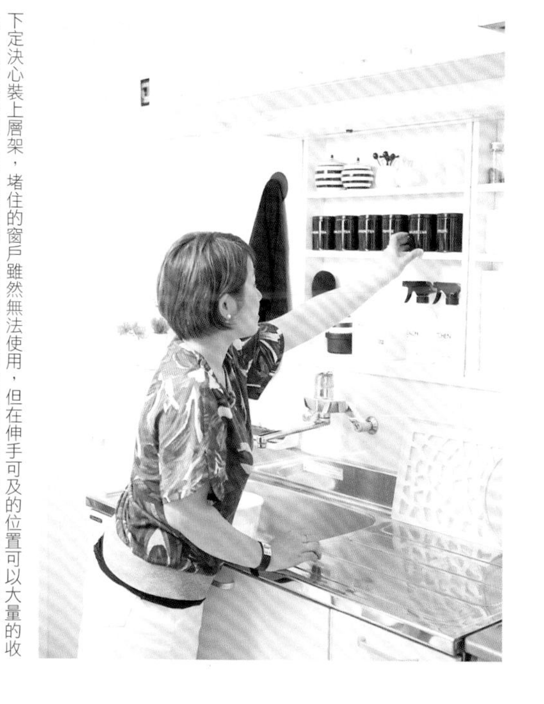

如果是狹小的廚房，櫃子門內側更是不可放棄的收納空間。比起放在抽屜，懸掛式的收納方法在拿取物品時更加便利。

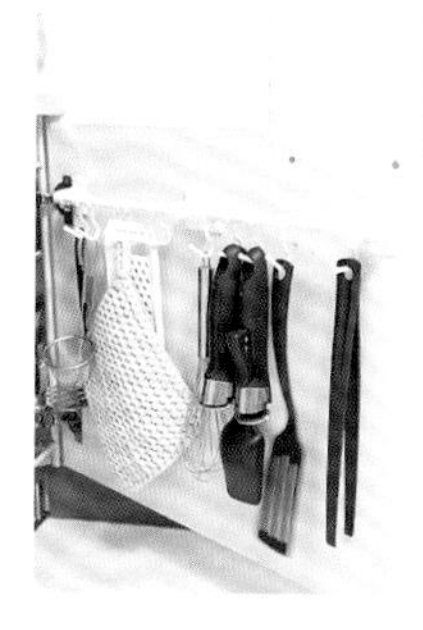

地板上的籃子是備用保特瓶的收納位置。拆掉標籤後，因為外觀俐落，即使是採用外顯式的收納方式，看起來也很清爽。

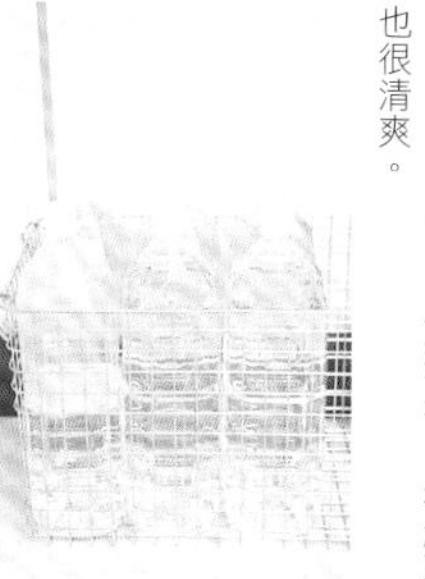

59 m²
三人空間

以前喜歡很多東西裝飾的室內空間，那種氛圍使人安心，但生了小孩之後，則傾向清爽俐落的室內裝潢。將玩具聚集放在另一個角落，此處則營造出充滿成人感的空間。

為了住在市中心，執意選擇小小的公寓

さいとう きい

さいとう的收納＆清理rules

rule 1 **不將「空間狹小」當成藉口，思考狹小的優點，享受其中的巧思。**

如果只是將空間狹小當成藉口，無論何時，都無法解決問題。積極地掌握狹小的優點，享受花費心思布置的樂趣。

rule 2 **一點一點地收拾，為了不作大型的清理活動。**

如果是狹小的空間，很容易在一開始就出現髒亂的氛圍，不要錯過這個訊息，即早進行清理，就不會發生來不及挽回的情形。

rule 3 **即使是外顯式收納，也選擇不在小孩視線範圍內收納物件。**

如果家庭中有小孩，就會出現很多東西必須直接陳列的情況，選擇不在小孩視線範圍內的收納物件，避免造成空間凌亂。

Kid's room

雖然是不到3疊的kid's room，卻洋溢著祕密基地的感覺，令人感到安心。放進青少年的床鋪也沒問題，就算在七、八年後仍然可以直接使用，之後再重新改裝即可。

由於經常在櫃子上更換尿布，因此抽屜裡放的是尿布和濕紙巾。尿布從包裝袋裡取出，和內衣褲等一起收納為佳。

小孩的衣服放在抽屜裡，直立式地收納。如果以IKEA的SKUBB系列的盒子作分隔，會更方便。

Living

電視櫃的其中一個抽屜，用來收納收據和申請表，避免直接放在桌子上。

因為這個抽屜小孩也能打開，所以收納不具危險性的東西，像是鉗子用緩衝枕、玩具等。

將桌子靠在牆壁，節省空間。「由於書本電子化，在空出來的空間收納因應小孩誕生而增加的東西，和裝飾的物件等。」

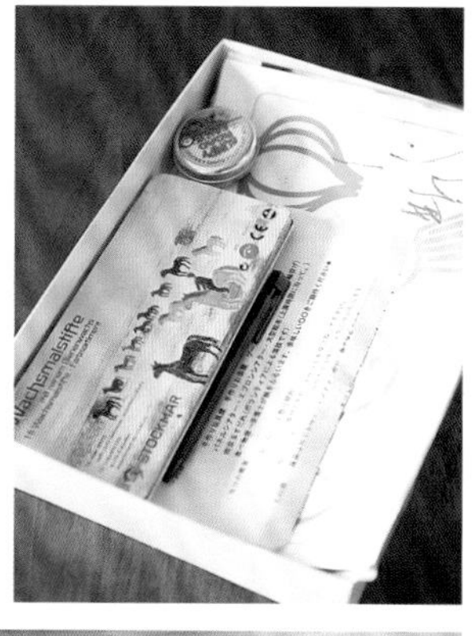

層櫃的上層，酒箱上有一個簡單的盒子，平時會擺放在桌面上，專門收納無法馬上歸位的物件。

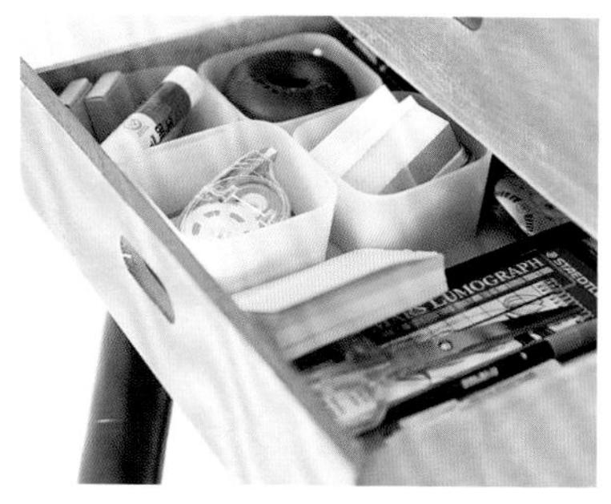

為了不要讓小孩碰觸，將文具類的東西放在櫃子的上層。下面的抽屜放置使用頻率高的東西，上面則放使用頻率低的東西，有所區隔，會更方便使用。

小孩使用的椅子，若放在桌子旁邊備用，等於是放在往客廳的動線上，妨礙走動。所以不使用的時候，靠牆擺放，等使用時再移動到桌子旁。

面紙盒也放在從上面數來的第二層。雖然是意外得來的靈感，但放在小孩無法觸及的地方，不僅方便使用，也能保持桌面的清爽。

Dining

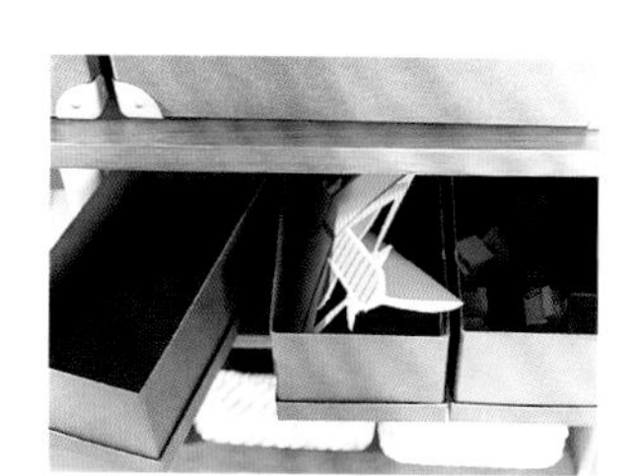

在櫃子裡準備一個空盒子，用來收集小孩散落在地板上的小東西。因為先收集在箱子裡，再逐一放回固定位置，會比較輕鬆。

繪本和玩具集中放在下面兩層，因為在這個高度內，十分適合小孩自行收取物件。且經常在這附近遊戲，客廳就不會散落玩具。

重量比較重的積木放在最下層。將玩具從包裝盒裡取出，改放在統一的籃子裡，不僅外觀清爽，小孩也方便遊戲，是個一石二鳥的好方法。

以籐籃收納玩具。放入櫃子中就變成抽屜般的存在，由於可隨時將籃子取出，在遊戲時很實用。

大多數有餘裕買房產的人，往往會選擇寬敞一點的屋型，但さいとう小姐卻沒有這麼選擇。在相同預算之下，若是選擇需要轉乘電車才能到達公司的房子，其實可以購入相當寬敞的住宅。然而她最後選擇的是不滿60㎡的空間，卻可以步行至男主人的辦公室的房屋，因為她以超都市中心為第一條件考量。

「若不是居住在都市中心，反而會產生壓力。對曾經試著住過郊外的我們而言，比起寬敞的居家環境，更注重環境的便利性，這是最重要的事情。」さいとう小姐這麼說。此外，狹小的空間清理時也很輕鬆，以正向積極的態度掌握狹小的特點，選擇小公寓反而更為恰當。

即使是狹小的空間，也想要愉快舒適地生活，因此開始吸收生活組織者的訊息。活用其中的知識，讓生活保持良好的品質，並發揮各式各樣的巧思。「不將空間狹小當成藉口，享受發揮巧思的過程，是最重要的訣竅。」由於居住的空間不大，所以灰塵或散亂的情形會特別明顯，進而增加打掃和清理的次數，大大地降低了環境髒亂的可能性，這也是其優點之一。最重要的是要以積極正向的態度掌握空間收納的特點，只要保持這種樂觀的心態，就能突破固有的限制，找到自己的收納原則。

將臥室的一角當成書房空間。深度比較淺的書桌是訂製品，因此可以收納在狹小的房間裡。正中間的抽屜留下一個空格，專門收納經常擺放在桌上的東西。

擺放淺櫃，取代化妝檯。在抽屜裡備著立式鏡子，化完妝後，再放回收屜，讓櫃子上保持清爽。

Bedroom

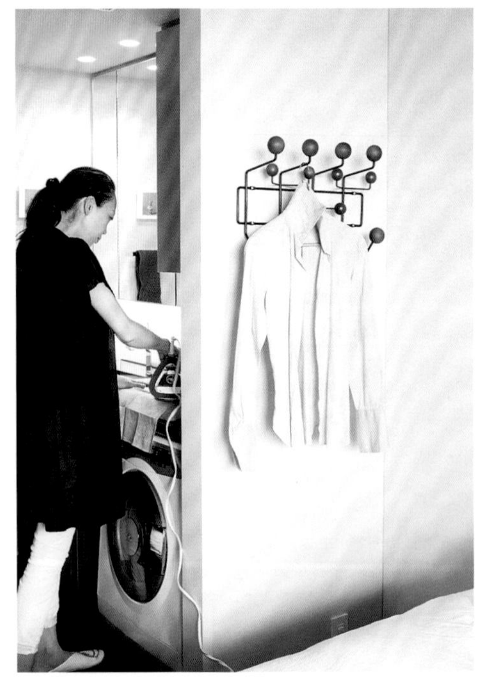

在盥洗室燙衣服。先將燙好的襯衫掛在旁邊臥室的牆壁掛鉤上，之後再一起放回衣櫥。

DATA

和先生、兩歲的兒子　三人生活
59㎡　1LDK＋DEN
屋齡四年
東京都

BLOG
blog.keyspace.info

Entrance

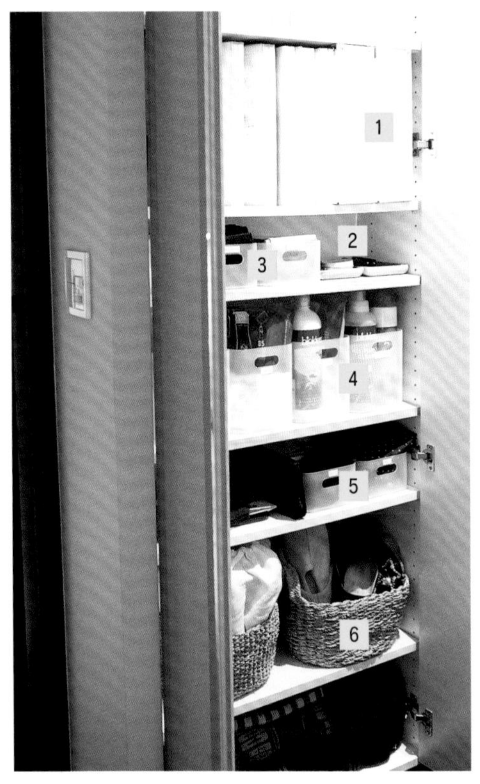

玄關有一個櫃子，用來收納客廳放不下的物件。因為位於公寓的正中央，不僅動線方便，使用也很便利。

1

家電的使用說明書和無法電子化的食譜。

4

洗潔劑的備品，只放在這裡，不放在其他地方。

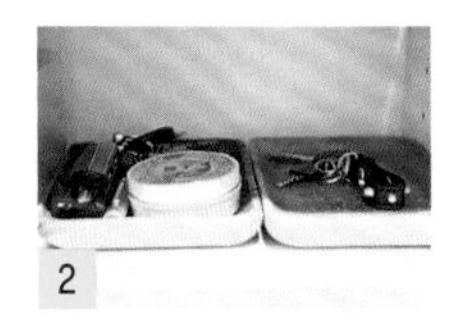

2

鑰匙也放在櫃子裡的固定位置。回到家後，養成將鑰匙放回這裡的習慣，就不容易丟失，也不需要浪費時間尋找。

5

外出時，與小孩相關的必需品，統一放在這一層，例如健保卡、雨衣和防蟲噴霧等。

3

穿上鞋子後，若發現東西忘記帶，可以馬上收取的位置，設定為手帕的擺放位置。

6

右邊放的是拖鞋。左邊則是將使用頻率低的鞋子放進布袋。

Kitchen

水槽上的櫃子，變成日常使用的餐具櫃。在層板掛上置物籃，讓餐具不會過度重疊。

拉櫃裡放入日常使用的調味料等，下圖中則是放備用的調味料。

經常使用的工具放在銀色的容器裡。配合工具的長度，分別放在三種容器中。

水槽上方的櫃子，是調味料的擺放位置。替換成統一的瓶身，會令畫面變得更清爽。若放在旋轉盤上，取用也很方便。

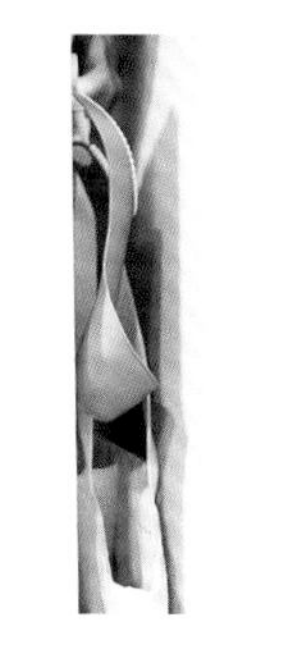

冰箱和牆壁之間的空隙也不浪費，打造成隱形的收納空間，將餵食嬰兒用的圍兜和環保購物包掛在此處。

廚房是完全獨立的空間，既能掌握收納空間的精隨，也可看出狹小空間的布局。「雖然喜歡狹小的住宅，但東西卻不少，因此需要選擇設置收納空間的公寓。」

內藤的收納 & 清理 *rules*

rule 1 **不厭其煩地確認櫃子裡的物品，不常使用的東西就直接丟棄。**

太太美保小姐在空閒時，會打開櫃子確認「使用不到的東西」，就算是「有可能會再使用的東西」，也要直接捨棄。

rule 2 **看得見、外顯式、藏起來，盡量保持平衡地使用這三種收納方法。**

利用「看得見」的收納方式，不裝上櫃子門，以一個動作收取；或為了保持緊張感的「外顯式」收納方法；甚至是將不想被看見的東西「藏起來」的收納方法。三者併用才能達到最大的效益。

rule 3 **假使在空間的角落開始出現「堆積物」，就是需要清理的訊號。**

「地板上開始出現東西。」像是待洗的衣物、書本和包包等，如果空間中開始出現忘記歸位的東西，就是需要清理的訊號。

解決收納問題的過程很快樂！

內藤正樹、美保

在沙發的把手掛上鐵絲籃，當成空調和電視遙控器的擺放位置。假如有固定的位置，就不會四處亂放，坐下來就可以直接操作。

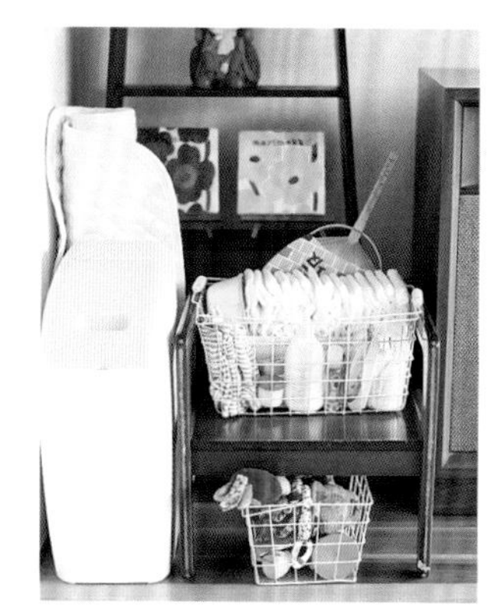

正樹先生小時候使用的椅子，和鐵絲籃組合搭配，打造出屬於嬰兒的角落。將替換尿布和嬰兒用品放在一起。

在時鐘櫃上，陳列自己喜歡的雜貨。第三層放的是iPad，紅色保護套和右手邊的燈具，兩者相互映襯。若意識到擺放iPad的位置沒有東西，就無法靜下心，因而達到將東西歸回原位的效果。

客廳是令人放鬆的地方，經常作為看電視、聽音樂，和家人在此一起度過美好時光，以不擺放太多東西為守則。音響和擴大器是祖母使用過後流傳下來的物件。

Living & Dining

拆掉吊櫃的門，收納的東西就變成外顯式，需要維持美觀。櫃子下裝上吊桿，掛上廚房工具和馬克杯。洗潔劑也放入鐵絲籃掛著。空中也能當成收納位置，不要浪費空間。

Kitchen

水槽下方，將摺疊式的層架重疊，空間分成上、下兩個部分。擺上附有把手的收納盒，當作抽屜使用。裡面放的是乾貨和泡麵。

避開排水管，在兩個側邊放上垃圾桶。由於方便取用，增加了不少收納的空間。在櫃子門上裝設置物籃，收納調味料。

抽屜前方放置市的倒垃圾規則文件。「不想要貼在冰箱。但偶爾又需要確認，因而收納在抽屜中，放在最前面也是屬於容易看見此處。」

將水槽濾網從包裝袋中取出，以橡皮筋在中間固定，可以逐一抽出使用。

Entrance

將木板和磚頭交互重疊，製作而成的鞋櫃。夫妻倆的鞋子只收納在這裡，很容易就能掌握鞋子的數量。為了讓使用盥洗室的人保有隱私，特地裝上簾子。

波浪型的鑰匙置物容器，配合牆壁的黃色，選用藍色的款式。因其獨特的形狀，不像收納用品，反而更貼近藝術品。專門收納家裡的鑰匙等。

Lavatory

以彩色毛巾製造空間趣味的盥洗室。在天花板和地板固定吊桿，在最上層的吊桿，掛上毛巾置物架。

因為沒有收納空間，在牆壁上安裝層架，當成擺放洗臉用品的地方。不特別換成統一的容器，呈現適度的生活感，是這個家的風格。

Storage

走廊的畸零空間，將門塗成黃綠色的黑板塗料，能使用粉筆在門上畫圖。裡面擺放洗衣機，可將水管取出朝向浴室排水。

有效活用櫃子和吊桿的畸零空間。掃除用品、面紙和和尿布等的備品皆放在這裡。洗潔劑運用噴霧容器盛裝，吊掛收納。

內藤家在寬45㎡的住宅中，融洽的生活著。毅然拆掉拉門和牆壁，將室內塗成白色，打造明亮開放的空間。

收納計畫從壁櫥開始，拆掉拉門後，呈現一目瞭然的狀態，也產生意想不到的效果。「關上門，因為看不到，就不會將清理的事情放在心上，而是一直將東西放入。但如果保持外顯式的收納方式，就需要維護其外觀。我雖然很懶惰，但仍是喜歡美觀的事物。因此，刻意選擇外顯式的收納法，在日常生活中督促自己，例如襯衫也要摺得像販賣商品一樣整齊，這種方法比較適合我。」正樹先生這麼說。

不感覺空間狹小的祕訣之一，就是保持空間和東西數量的平衡。實際上，太太美保小姐在丟棄東西時十分乾脆。前幾天，因為買了飲水機，就直接將電子壺丟掉。

「在以前的住所，收納空間也不夠充裕。假如囤積使用不到的物品，很容易造成困擾，但若要留下來，用途卻又不夠明確。所以空閒時，打開櫃子門，找出不要的東西直接丟棄吧！」（美保小姐）

「我的收納觀點，屬於解決問題型。如果出現問題，先探索原因，再找出解決的答案，以自己的方法處理。如此不僅可以使空間恢復清爽，還能在過程中享受思考的樂趣。」（正樹先生）

上圖：面向壁櫥的橘色牆壁。為了不要呈現過度的普普風格，以相框和鏡子的黑色帶來沉穩感。下圖：吉他和鳥的裝飾品等，充滿自己喜歡的物件的房間。對內藤先生而言，「即使空間狹小、老舊，不論是什麼環境或情形，都能試著改變自己的生活！」收納和布置空間的過程中都可以帶來不少的樂趣，內藤先生曾經這麼說過。

拆掉拉門，變成完全開放式的壁櫥。裡面塗成白色，讓深度看起來更寬敞。在抽屜和置物架的作用下，將可以展示的東西和不想展示的東西，巧妙地收納。

6

將襯衫放入襯衫置物架裡，當成外顯式的收納。維持整齊美觀的重點。

3

從上面可以一覽無遺的抽屜，用來放置藥品。為了讓藥品不會散亂，統一收在盒子裡。

1

日常使用的包包，確保其收納位置，避免放在地板或沙發上。

Oshiire

壁櫥裡的電腦角落。在牆壁裝上鐵絲網、腳邊放置小型手推車，以確保收納的空間。專門收納文具和紙類，是機能型的收納用具。

7

將嬰兒的貼身衣物從一邊開始捲繞成圓柱狀。「這種摺疊方式很簡單，沒多久就能完成收納。」

4

不容易看到內容物的細網目籃子，用來收納美保小姐的內衣褲。男主人完美體貼的巧思。

2

家中用來修繕的DIY用品，收納在這裡。

5

美保小姐的衣服。會根據季節重新審視其必要性，採訪時，春天的衣服有十二件，冬天的衣服只有五件。

8

活用書擋，用來分隔襪子。前面是襪子，裡面是保暖的貼身衣物。

DATA

先生、太太、一歲的女兒　三人生活
45㎡ 2LDK
屋齡四十九年
東京都

BLOG
palette.blush.jp

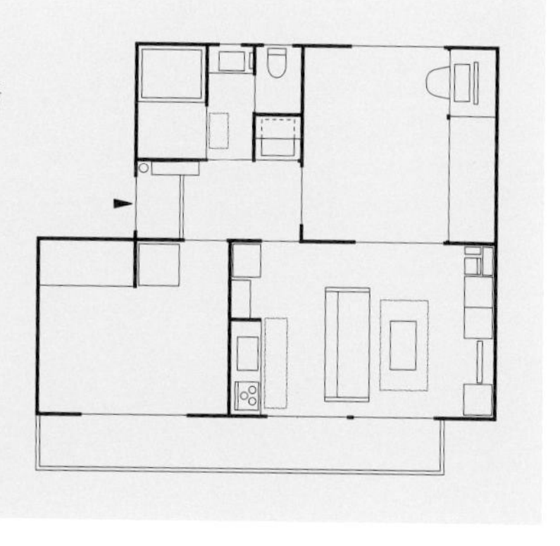

懶人收納作家的心得報告

輕鬆收納法！懶人觀點的清理術

進行採訪時，
很多人都自認是「懶人」，讓我感到很驚訝。
總之，本書中提到許多不費力
也能輕鬆維持空間整潔美觀的方法。
花費將近二十年，
採訪約一千戶的住家，
才整理出這些收納法。
同樣自認是懶人的收納作家A，
也發揮懶人的觀點，
找出更多的巧思介紹給您。

在雜誌書寫收納記事的我，在此自稱作家A，採訪過許多所謂的收納達人。但擅長收納和清理的人們的靈感，幾乎都需要花費時間和幹勁執行，對於像我這種懶散的人而言，即使模仿，也有許多無法達成的項目。

另一方面，由於不擅長收納和清理，所以試圖在可行的範圍內，尋找其他輕鬆的懶人收納法，並將其簡單組合，讓兩者相輔相成。

比起「擺放」，「收納」更具難度。

為了找出不費力，也能持續完成收納的方式，試著觀察其他懶人的作法。每個人都有其擅長與不擅長的事物，像我就非常不擅長將拿出來的東西回歸原位。雖然將經常使用的東西「取出」與一般收回「歸位」，具有動機上的差異。不過對已經不再使用的東西而言，想要找出動機十分困難。所以懶人們為了避免這種情況，改將重點放在歸位的巧思上。

舉一個代表性的例子，內藤正樹先生家的廚房（P.116，1），將平底鍋掛在水槽上方的吊桿。假如以方便拿取為考量，應該將其收納在爐子周邊。但是內藤先生是以「方便歸位」為優先考量，為了在水槽洗好之後，可以馬上收

1

水槽上方吊掛平底鍋，比起直接陳列，「歸位的方便度」更佳。

2

到處都需要的縫紉工具，擺放在好幾個不同的位置，使用完畢就可以馬上歸位。

3

在玄關到客廳之間擺設籃子，經過的時候，將口袋中的東西「不自覺地歸位」。

拾清理，而選擇將水槽上方當成收納位置。

一般來說，當使用東西之處和歸放之處距離越短，越容易歸位。假如是家中很多地方都會使用的物件，不妨同時放在好幾個地方，以縮短動線的距離。類似將面紙盒和垃圾桶放在家中每個地方這樣的概念。總是會有經常在找筆和剪刀的人，為了因應這種狀況，P.46的荻原清美小姐會在家裡四處擺放縫紉工具（**2**）。客廳中經常使用的縫紉工具，就放置在露營使用的飯盒裡；而工作室中的縫紉工具，則收納在小籃子或小抽屜裡。

經常走過之處和偶然佇足處等，在這些動線上，設置收納處，以便歸回原位的人不少。實踐「不自覺地放回去」守則的tweet小姐（P.78），為了讓先生將鑰匙、零錢和收據等口袋的內容物歸位，而特意設置擺放位置（**3**）。一個放在玄關的長凳上，另一個放在走廊。不管是哪一個，都是在回家之後通往客廳的通道上。

P.62登場的本多小姐，將環保購物包以磁鐵掛鉤貼在廚房的冰箱上，吊掛收納。冰箱是玄關和客廳之間的中繼站，一天當中會經過這裡好幾次，不自覺就會把東西放回這裡（**4**）。

減少放回去的步驟，採取「直接收納」的方式。

除了收納位置的巧思之外，掌握使用中的東西，並將其歸位的「直接收納」方式，也是清理空間的大訣竅。東西一旦放在某個地方，就很容易堆在那裡，漸漸地不斷增加。

舉例來說，P.40的宇和川惠美子小姐，參考她日常生活裡化妝的情況，將所有化妝會使用到的東西收納在抽屜裡（**5**）。只要直接打開抽屜，即可取出必要的東西，使用完畢後，再馬上放回抽屜。如此一來，就不會將東西暫放在洗臉檯上，化完妝後，也能立即關上抽屜，保持洗臉檯清爽的環境！不需要一一地收拾。

頻繁使用或用途多元的環保購物包，放在一天當中經過好幾次的冰箱上，將此處當成固定位置。

4

直接將抽屜拉開，使用完畢直接將東西放回抽屜，就不需要額外清理。

5

rules

理想生活的
收納&整理守則